犬にウケる飼い方

鹿野正顕

ワニブックス
PLUS新書

はじめに

かつて、日本で飼われていた犬は、あまり幸せそうには見えませんでした。

僕が子どもだった頃（1980年代）は、犬はまだ外で飼うのが当たり前で、今ほど医療や食事にお金をかけることもなく、お世辞にも犬の福祉に配慮した飼い方はされていませんでした。犬は本当にかしこくかわいい動物なのに、犬の幸せのことなど誰にも興味がないようにさえ見えました。

多くの犬が短い命で終わっていくのを見てきた僕は、子ども心にもっと犬を大切にする社会を作りたいと志《こころざ》し、犬の専門家を目指すために麻布大学で「人と犬の関係学」を学び、この分野では日本で初めての学位（博士号）を取得しました。そして、子どもの頃から夢見ていた、〝多くの人が犬への理解を深めて、大切に飼っていく社会〟を目指すため、現在の仕事に従事するようになりました。

僕が麻布大学に入学した2000年前後に、日本では空前のペットブームが起こっています。多くの人が犬を家族の一員として迎えるようになり、獣医療や食事も大きく進歩し、ペット用品やさまざまなサービスも拡大、僕の子ども時代には想像もできなかったような飛躍的進歩がペットの世界を変えていきました。

僕が専門とする犬の行動や認知の世界でも、それまで科学的根拠がないまま伝えられてきた犬の生態や認知能力、飼い主との関わり方、しつけ方などに誤った情報がたくさんあったことが判明し、その是正や見直しが始まりました。しかし、なぜか新たにわかった事実や最新の知識はなかなか社会に浸透せず、犬の飼い方・しつけ方や問題行動の直し方など大事な情報についても、古い常識や誤った定説がまかり通ったままの状態が続きました。

そうした古い情報に対して、違和感を抱きつつも信じている飼い主さんは大勢いました。しかし「人は犬の上に立つ絶対的主人であれ」などの前時代の常識に従って、結果として愛犬との関係が悪化してしまう飼い主さんも多くいたのです。

それは正しい知識さえあれば防げたことで、犬にとっても愛犬家にとっても不幸なことです。しかし現状をみると、残念ながら犬の飼育書にもインターネット上にも、時代遅れの情報がいまだに平然と記載されています。

ドッグスクールのトレーナーとして、僕は多くの飼い主さんから相談を受けますが、悩みを抱える飼い主さんには、新たな知見に基づく情報や愛犬との接し方の新常識を伝えるだけで、多くの問題は解決してしまうのです。

世の中の多くの飼い主さんが、もっと愛犬と幸せに暮らせるようになってほしい。犬と関わる生活をしている自分には、そういう単純な願いがあります。

そのための大きなヒントと励みになるような正しい情報を伝えたいという思いで、本書の執筆にあたりました。

今までの飼い主さんの思いを否定するつもりはなく、多くの飼い主さんの手助けになり、結果として犬が愛情を込めて大切に飼われるようになってほしいのです。そして、人も犬も共に幸福になれる社会に少しでも近づけられれば幸いです。

目次

第3章　犬にウケるしつけを始めよう

第5章　犬にも人にもウケる暮らし方へ
——共に健康に幸せに……211

第1章　日本人はまだ犬を知らない――犬の「常識・定説」を疑おう

日本人は犬という動物をわかっていない

「日本人は犬という動物についてあまりにも無知である」

こんなことを言うと、長年犬を飼っている人や、いま現在愛犬と楽しく暮らしている人たちから反発を食らいそうです。

犬は言うまでもなく、人間と最も親密な関係を築いてきた動物です。はるか数万年前から人間の暮らしに関わるようになり、「人類の最良の友」といわれるように、最も身近な動物として愛されてきました。

日本でも平安時代には貴族がペットとして飼い始めていたとされ、いまでは約850万頭もの犬が家庭で飼われるようになりました（一般社団法人ペットフード協会・2020年全国犬猫飼育実態調査による推計）。

それでも、「日本の社会に犬は完全に溶け込んでいる」というような話を聞くと、ちょっと違うのではないかと僕は感じてしまいます。

ドッグトレーナーという仕事を通じて、多くの飼い主さんや愛犬家たちに接していると、「日本人は犬という動物をわかっていない」と痛感することが多いのです。

日本では、2000年前後からペットブームといわれる現象が起こり、それはいまだ継続中とされています。ブームとともに初めて犬を飼う家庭も急増し、いまではペットというより「家族同様」の扱いで犬を飼う方も増えています。

そうした人たちが犬を飼う理由としてあげるのは、「生活のうるおい・心の癒し」「犬が好きだから・かわいいから」というのが大半です。希望通りに、愛犬とのハッピーな毎日を楽しんでいる方も大勢います。僕自身もずっと犬を飼っており、犬との暮らしは本当に楽しいものだと実感しています。

しかし一方では、犬を飼うこと自体が飼い主のストレスになってしまったり、愛犬の行動に困り果てているという例も少なくないのです。

犬との生活が想像とは違うものになり、一代限りで犬を飼うのをやめたり、極端な場合は、途中で「飼い犬を手放す」ということまで起きてしまっています。

なぜ、そんなことになってしまうのでしょうか。

その最も大きな原因が、「日本には犬についてあまりにも無知な飼い主さんが多い」

ということです。犬とはどんな動物か、という基本的知識を持たない人が多いのです。

よく知らないまま犬を飼い始める人たち

日本のペットブームの初期を支えたのは、いわば〝流行〟でした。

ブームの中心はもちろん犬と猫ですが、犬については、テレビドラマやCMに登場して話題となった犬を見て、同じ犬種を望む人が大変多くなりました。「テレビで見た〝かわいくておりこうさんな犬〟と自分も暮らしたい」という単純な願望を優先し、住宅事情や自分の生活リズムなどは深く考慮せずに飼い始めるケースも、少なからずあったのではないでしょうか。

以降、数年ごとに人気の犬種は変化していますが、飼い主側は、初めて飼う犬種でも、その特徴や習性をよく知らないまま家に迎えることが多かったのです。犬種で人気が高いのは、ほとんどが洋犬（外国産の犬種）で、日本犬の中では柴犬がだいたい人気ランキングの5位前後に位置しています。

洋犬には、人間の目的（狩猟、牧畜の補助、護衛など）に応じて人の手で改良を重ねられてきた長い歴史があります。そのため犬種ごとの特徴・特性がはっきりしていて、性格や運動能力も異なります。犬種によっては、遺伝性の疾病を持っている場合もあります。

流行によって犬の商品としての価値が高まると、そうした犬種ごとの詳しい知識を持たない一部の業者やブリーダーも市場に参入してきます。彼らから犬を入手するのは、いわば「取扱説明書なし」の商品を買うようなものなのです。

犬の知識を十分に持たない飼い主が、「取説《とりせつ》なし」の状態で犬を迎えるとどうなるでしょうか。当然、共に暮らしているうちに想定外のさまざまな問題が生じやすくなります。基本的知識が不足していれば、しつけに関しても古い常識や定説にとらわれて、誤ったやり方をずっと続けてしまうことも多くなります。

しつけがうまくできないとなると、犬のわがままをやりたい放題にさせたり、小型愛《あい》玩《がん》犬などは一家のアイドルのような扱いで溺愛されたり、また逆に、主従関係をはっきりさせるために犬を脅したり、強圧的に飼い主に従わせようとする人も出てきます。

ペットブームの波は、そうした「よく知らないまま犬を飼い始める人たち」を大量に生んだ時期でもあったのです。

従来の「犬の常識」には頼らない

若い方はピンとこないかもしれませんが、昭和40年代頃までのちょっと昔の日本では、現在のように犬を〝家族の一員〟という扱いで飼う例はまれでした。

玄関先に鎖でつないで番犬にしたり、たまに子どもの遊び相手をさせて、あとは放っておくという程度の待遇が多く、一部の愛玩犬を除いて室内で飼い主家族と一緒に暮らすというケースは珍しかったのです。

僕自身も小さい頃、家では犬を飼っていましたが、いま考えるとその扱いはとてもほめられるものではありませんでした。散歩に連れ出すのもたまに気が向いたときだけで、犬が病気になっても、親は動物病院に連れて行こうともせず、「それが寿命だから」という感じでした。町中では、首輪をした犬が放し飼いでウロついていることもよくありました。

ペットの犬と室内で一緒に暮らすのが普通になってきたのは、ここ30年くらいのことなのです。つまりは、犬を暮らしのパートナーとして受け入れ「共に暮らす」という歴史が、日本ではまだまだ浅いということです。

生活様式の違いもありますが、欧米では「犬と共にある暮らし」が代々受け継がれていく文化もあり、犬の習性を理解し、犬種ごとの特性を知った上で飼い犬を選ぶことが普通です。そのため、それぞれの犬種が作り出された本来の目的である作業能力を活かした飼育がされていたり、その能力を発揮させるためのドッグスポーツなども盛んに行われています。

一方、現在の日本のように「かわいいから」「人気があるから」といった理由で、習性・特性をよく知らずに犬を飼い始めると、あとになって「こんなに吠えるとは思わなかった」「家中《いえじゅう》の家具をかじられて困っている」「毎日の散歩だけでヘトヘトになる」などと嘆くことが起こりがちです。

そうした飼い主さんたちが、困ったときに頼ってしまうのが、飼い方やしつけの古い常識や定説なのです。

書店に行けば「犬の飼い方・しつけ方」をテーマにした本がたくさん並んでいます。インターネットで検索すれば、それらの実用書とほぼ同等の情報が大量に、しかも無料で手に入ります。ところが、それらの本やネット情報の多くは、いまでは否定された古い常識や誤った定説をそのまま載せていることが多いのが実情です。

たとえば、「飼い主は、自分が主人でありボスであることを犬に認めさせなければいけない」と書かれ、犬に指示を守らせ、服従させるためのさまざまなノウハウが紹介されていたりします。

そこでは、叱りつけや大声での命令、ときには体罰に近いことまで有効だと書いてあったりします。「引っ張りっこ」の遊びでも、最後には必ず飼い主が勝って、優位性や支配関係を示すことをすすめている例もあります。

しかし、現在では、「犬は人に対して上下関係を求めていない」し、「飼い主は自分の優位性を押し付けてはいけない」ということが常識になっています。

飼い主はボスや専制君主である必要はないし、犬もそれを求めていません。なにより、人と暮らす犬にとって、それはけっして幸せなことではなく、まったく犬にウケない（犬が喜ばない）飼い方なのです。

科学的研究で「犬の定説」はひっくり返った

いま世の中に出回っている「犬はこう飼いましょう、このようにしつけましょう」という情報の多くは、残念ながら〝昭和の日本〟的な「犬の常識・しつけの常識」で、いまでは時代遅れなのです。

じつは犬という動物の科学的研究は意外なほど遅れていて、ようやく2000年以降に本格化し、ここ十数年の間に飛躍的に進んでいます。その結果、動物行動学や認知科学の見地から得られた実証データによって、いままで常識・定説とされていたことの何割かが「誤解」だったということが明らかになっています。

犬は自分を取り巻く世界をどのようにとらえているのか。どんなふうに人や周りを見て、どんなふうに考えて行動しているのか——。

その「認知」という分野での研究は、近年になってさまざまな研究成果が共有されるようになりました。以前は犬の行動時の脳の反応などを科学的に調べることが難しく、「認知」という分野はほぼ未知の領域だったのです。

僕が大学院で論文を書こうとしていた2006年頃でも、犬の認知・生態・行動特性といった分野の科学的研究はごくわずかで、現場での事例はたくさんあっても研究データがないため、実証するのが困難だったケースが多々ありました。

つまり、それまで「犬とはこういう動物だ」「犬はこういうときこんな行動をする」といわれてきたことの多くは、じつはエビデンス（科学的裏付け・根拠）の乏しい仮説や通説、それぞれの経験や主観というものばかりだったのです。

近年ようやく、MRIなどの最新検査機器の活用や、ホルモンや遺伝子の研究などにより、日本では麻布大学などが中心となって「犬の認知」の解明が進められるようになりました。

犬は人に「上下関係」を求めていない

そうした犬の研究の成果として、じつは大きな誤解だったことが判明した例の一つに、先述した「犬が人に対し上下関係を求める」ということがあります。

これはほとんど人間側の思い込みで、犬は自分より強く威厳のある人に従うわけではなく、人に懐き、人に親しむのは、飼い主との間に絶対的安心感を抱くからで、「人と犬の関係は母子関係に似ている」という言い方が最も近いのです。

力で制圧すれば犬は忠実になる、というまちがった固定観念ができた背景には、犬はもともと群れの生活をする動物で、「犬の社会は、ボス的存在をトップにした階級・序列社会である」という長い間の思い込みがありました。

モデルとなったのは犬の祖先とされるオオカミの社会です。群れのボス的存在が支配関係を作り、ピラミッド型の階層ができて、序列が下位のものは服従する。そうして群れは統率がとれ、多くの個体が飢えずに生きていくことができる――。オオカミがそうであるなら、その子孫の犬も同じはずだという考え方が、ずっと定着していました。

犬の群れに関しての実証データがあるわけではないのに、ずっとそう思われてきたのです。群れの序列関係に従って生きるという特性があるなら、人間と暮らすようになってからは、飼い主やその家族に序列をつけてそれに従うと考えられてきたわけです。

ところが、よくよく調べてみると、オオカミや野犬の群れの社会でも絶対的な権限を持つボスというのは存在せず、群れの中での明確な序列というものはないらしい、ということがわかってきました。

現在では、「犬は人に対して上下関係を求めていない」というのは動物行動学の世界においてほぼ常識です。飼い主というのは、犬にとって上位にいるボスや主人ではなく、自分を擁護してくれる母親的存在で、「人と犬の関係は母子関係に似ている」という考え方が定着してきています。

母子関係に近いということは、人と犬の間に強い信頼関係があるということです。犬にとって飼い主である人間は、食事や快適な寝床を用意し、排泄《はいせつ》の世話や、遊び相手までしてくれる信頼すべき擁護者であり、母親も同然なのです。であれば、人が上位に立って、〝序列関係で下位の犬に服従させる〟という接し方には、当然疑問が生じてくるはずです。

　そう理解すると、しつけの考え方も、昔風のやり方からは変わってくるのが当然だと思います。

「母と子の関係」から犬のしつけを考える

　昔は、「飼い主は犬になめられてはだめ」「常に人が優位であることを犬に理解させるのが大事」などといわれていました。

　そうした考えがベースにあると、しつけにも当然、人の優位性を誇示するようなやり方が入ってきます。飼い主が上位で、犬は下位とするなら、それを維持するために人は常に力を誇示しなければならなくなります。

　すると、言うことをきかなければ大声で叱りつけたり、ケージに閉じ込めたり、ひどい場合には、体を叩くなど体罰でしつけることも容認しかねなくなります。

　そうした時代遅れのしつけ法しか知らず、実行している飼い主さんたちはまだまだたくさんいます。しかし、そうしたやり方ではうまくいかないことのほうが多いのです。

僕の教室に相談にやってくる飼い主さんたちにも、古いしつけ法を続けてきて、どうにもうまくいかず困っているとか、「飼い方の本」の通りにやっても、うちの犬には通用しない、と悩んでいた方が多数います。

しつけがうまくいかないと、人も犬もついイライラしたり不機嫌になってしまい、せっかく犬と暮らしているのに、平和で楽しい時間が持てなくなってしまいます。

「飼い主と犬は母子関係に近い」ということをベースに考えれば、たとえば母親が1歳くらいの幼児をしつけるとき、どう接するのが望ましいかを考えてみると、おのずと愛犬への接し方も変わってくるはずです。

母子関係というのは絶対的な安心感によって築かれます。母親は生きていくために必要な存在で、子は保護してくれる相手を本能的に求めています。

そんな子どもを叱りつけて恫喝したりすれば、不安や不信感をつのらせるだけです。

母と子の関係をイメージすれば、犬のしつけをするとき、次のような姿勢が大事であることは納得できるのではないでしょうか。

・叱るより、ほめてしつけることを基本にする
・無理なことや、いやがることはさせない
・不安や恐怖、痛みを与えることをしない
・お互いに楽しみながらできるしつけの方法を考える

犬が飼い主であるあなたとの生活を楽しみ、喜んでくれる飼い方、つまり〝犬にウケる飼い方〟とは、これらを基本として考えることから始まるのです。

見つめあうだけで「幸せホルモン」が上昇する

人や動物の赤ちゃんは、生きていくために必要な世話をしてくれる相手を本能的に求めます。母親というのは、そうした未熟な存在を保護したいという本能的な欲求があります。

そして母と子の間には、親密な愛着行動（泣いて甘える、すがりつく、目で追う、声を上げる、抱っこする、体をなでる、キスをするなど）が生まれます。

子どもは、こうして一定の養育者と親密な関係を維持することで健全な成長が期待されます。この関係性は、愛着関係とかアタッチメント説（愛着理論）と呼ばれています。

じつは、人と犬もこの愛着関係によって結びついています。犬が人に懐き、人との暮らしを好むのも、人が犬を愛《いと》おしく思い飼いたくなるのも、愛着理論が働いていると考えられています。

「愛犬と見つめあうだけで幸せな気分になる」とか、「うちの犬と目を合わせているだけでストレスが消える」と感じている飼い主さんは少なくないと思います。

近年（2015年）、これを科学的に裏付ける実証研究が世界的に注目を集めました。

これは麻布大学の研究によるもので、犬と飼い主が目線を合わせることで、〝幸せホルモン〟と呼ばれるオキシトシンの濃度が上昇することがわかったのです。しかも人間側だけでなく、見つめあうことで「人と犬の双方のオキシトシン濃度が上昇する」ことがはっきりしました。（図1参照）

図1

オキシトシンの変化（尿中）

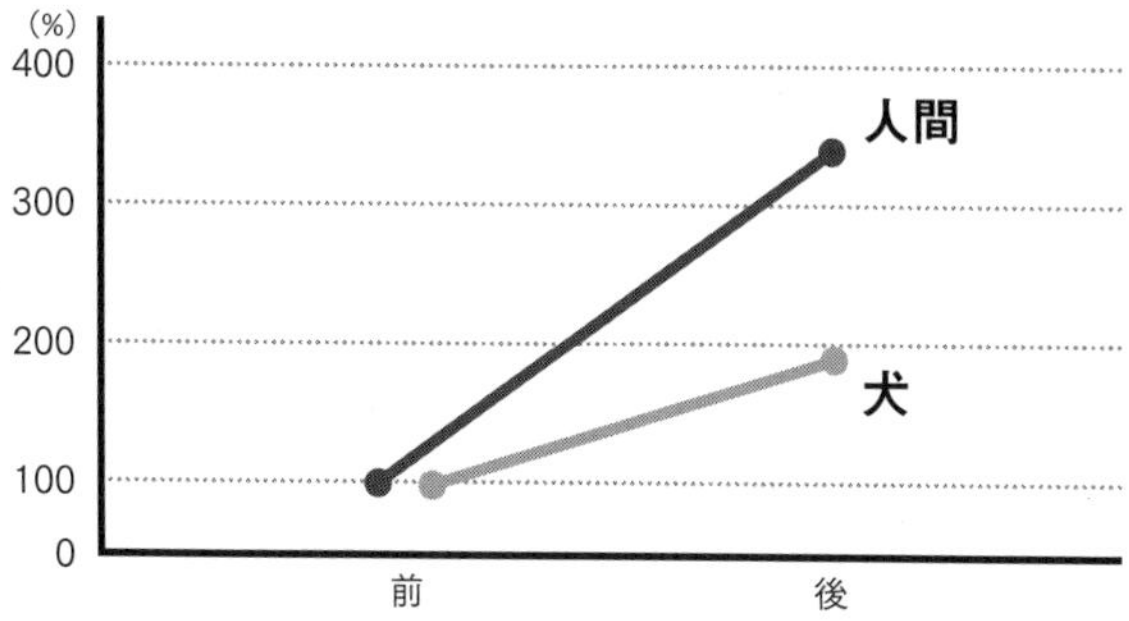

▲見つめあうだけで、人も犬も幸せホルモン（オキシトシン）が上昇する

参照：麻布大学 菊水健史教授による研究より

オキシトシンは、安心を得たときに分泌濃度が高まり、心の癒しや愛情・信頼に影響することから〝幸せホルモン〟と呼ばれるようになったもの。犬と見つめあったときに人間の体内のオキシトシンは3倍以上に増加し、これが犬によるセラピー効果の大きな理由と考えられています。

それまで、人間の母親と子どもの間ではオキシトシンをお互いに高めあう関係性があることがわかっていましたが、種の異なる動物の間でも同じような関係がみられるとわかったのは初めてのことでした。

つまり、飼い主と犬との間には、「人間の母と子の絆に近い、特別な関係」が生まれるということなのです。

なぜ人は犬を求め、犬を飼うのか

そもそも、なぜ私たち人間は犬や動物をペットとして飼いたくなるのでしょうか。

「人と動物の関係学」の見地からいうと、先にふれた愛着関係を含めた、次の３つの説がその理由とされています。

・アタッチメント説（愛着関係）
・バイオフィリア説（自然への愛）
・ソーシャルサポート説（社会的支援）

アタッチメント説は、先にあげた母子関係のベースになるもので、擁護を求める存在に対し、擁護したいという欲求を持つことで愛着関係が生まれるということ。

犬を飼いたいとか世話してあげたいと考えるのは圧倒的に女性のほうが多いのですが、たとえば子どものいない夫婦や単身女性が母性愛を注ぐ対象として、犬や猫を求めるケースも大変多いです。

バイオフィリア説は、自然を求める本能によるとするもの。人間には動物や自然に対する本能的愛情があり、他の生き物との結びつきを求める傾向があるという考え方です。たとえば都会暮らしの人が森林浴をしたり、山や海といった自然の中に身をおいて癒しを求めるように、動物とふれあうことで五感を覚醒させたり、癒しを得ているのではないかということです。

ソーシャルサポート説は、人は動物を飼うことによって心理的な支援を受け、社会生活を円滑にしているということ。動物の存在は人の孤独やストレスを癒したり、他者や命への責任を自覚させるなど、さまざまな恩恵をもたらすという考え方です。動物にも人間からの支援がなされて、お互いにサポートしあう関係にあります。

最初の動機が、「かわいいから飼いたい」という単純なものだったとしても、その根っこにはこれら3つの要素のいずれかがあります。だからこそ、1万年以上もの間ずっと、犬と人間は最も親密な関係を続けてきたのです。

名前からもわかる洋犬の役割と特徴

日本にも古くから犬がいましたが、現在日本の家庭で飼われている犬種のほとんどは洋犬、つまり多くはヨーロッパ産です。日本犬の占める割合は1割程度とされ、そのうちの8割以上が柴犬だといわれています。

かつては各地方ごとに特色をもった「地犬」がいましたが、多くは絶滅してしまいました。日本犬と呼ばれる在来種で代表的なものは、「北海道犬、秋田犬、柴犬、甲斐《かい》犬、紀州犬、四国犬」の6犬種で、固有種保存のため、いずれも1931年から1937年の間に国の天然記念物に指定されています。

日本犬が減ってしまった原因は、明治以降大量に輸入された洋犬との交雑が進んだことと、太平洋戦争の激化とともに犬の飼育が禁じられ、毛皮などの供出のため大量に殺処分されたことが影響しています。戦後の食糧難（食用にされた）や、ジステンパー（犬伝染性肝炎）の流行なども在来犬種を激減させました。

現在の主流であるヨーロッパ産犬種の特徴は、狩猟民族であるヨーロッパ人が、犬の用途・目的に応じて人為的に改良を加えてきたことにあります。

狩猟や牧畜の補助に犬を使ってきたヨーロッパの歴史は非常に長く、近世以降は貴族階級の趣味のハンティングの用途に合わせて犬種の改良が行われてきました。

それらは犬種の分類や名前にもくっきりと表れています。

たとえば、ガンドッグ（鳥猟犬）という分類名は、カモやキジといった鳥類の猟をサポートする犬のグループをさしています。銃（ガン）を持ってハンティングする人の手伝いをする犬ということです。

このグループの犬種には、ジャーマン・ポインター、アイリッシュ・セッターのように、「～ポインター」「～セッター」「～スパニエル」「～レトリバー」など、なじみのある名前が付いています。これはそれぞれの役割に応じた名なのです。

鳥を見つけたらハンターに獲物の位置を知らせる（ポイントする、セットする）。隠れた鳥を匂いで見つけて羽ばたかせる（スパニエル＝スペインの猟犬）。

撃ち落とされた鳥をすみやかに回収する（レトリーブ）。という具合に、それぞれの役割分担がその名前からもわかるのです。

また、テリアというのは「地面」というラテン語由来の名前で、イタチやアナグマ、ノネズミなど穴に暮らす害獣を狩る犬種に付けられる名前です。小型でも血気盛んなことが多く、当然穴掘りも得意です。

ハウンドというのは自分で獲物を仕留めることもする獣猟犬のことで、視覚で遠方の獲物を見つけて追走するサイト・ハウンド型と、獲物の匂いをどこまでも追って捕まえるセント・ハウンド型があります。いずれも獲物を探索し追跡するのが役割なのでスタミナがあり、かなりの運動量をこなします。飼う場合は人間にもタフな健脚ぶりが要求されます。

ほかにも、牧羊犬、使役犬など、犬に本来課せられた役割は、犬種の名前からほぼ見当がつきます。

犬の扱い方がわからない日本人

犬の役割を知ると、その犬種の特徴・性格も見えてきます。

たとえばガンドッグの犬種なら、常にハンターのお供をするので、飼い主には従順、人との共同作業が好きで、飼い主の役に立ちたい気持ちが強い傾向があります。自分で獲物を襲うわけではないので攻撃性は低く、飼い主の動きをいつも見ていて、指示されるのを喜んで待っていたりします。

与えられた役割を理解すれば、これらの犬種がフレンドリーで飼いやすいグループだというのがわかります。アイコンタクトも好むので、しつけのトレーニングもやりやすいわけです。

このように欧米の愛犬家たちは、自分たちの先祖が、自分たちの目的や都合に合わせて、長い年月をかけて犬を改良してきた歴史を基本知識として知っています。犬種名を聞けば、その特徴やどんな飼い方が向いているか、一般的な知識として身についていま す。欧米には長い歴史によって築かれてきた「人と犬の文化」があるわけです。

一方、日本ではそうした歴史を踏まえないまま、外国種の犬をどんどん輸入し、ペット化させていきました。

80年代末から徐々に始まったペットブームは、1996年頃から本格化し、2008年には、国内での犬の飼育頭数が1310万頭を超えるという最大のピークを迎えました（一般社団法人ペットフード協会による推計）。頭数が増えただけでなく、国内で飼われる犬の種類も多種多様になり、外国の愛犬家が来日するとみな驚くほどでした。

僕自身も犬が大好きなので、日本で多くの人が犬を飼うようになったことはとても嬉しいことでした。

しかし、犬種ごとの個性・特徴をよく理解しないまま、多数の外国犬を飼い始めたことに、日本のペットブームの不幸がありました。

本章の冒頭で述べたように、日本人は犬についてあまりにも無知すぎたのです。

犬という動物への知識が不足していただけでなく、しつけやトレーニングの方法についても基本的な知識がありませんでした。飼う人が増えれば、飼ってみて初めてわかる困りごとが起きます。それでも対処法がわからないので、どんどん困ってしまう飼い主さんが増えていったのです。

犬への無知が生んでしまう悲劇

かつては、犬を飼うというのは鎖につないで庭や玄関先で飼うことを意味し、家の中で家族と一緒に暮らすのが一般化してきたのは、やっと80年代末頃からです。当時の日本人は、まだ犬をペットとして扱うことに慣れておらず、しつけの重要性もあまり理解されていませんでした。ドッグトレーナーと称する人やブリーダーも、やりたい人が勝手にやっている状況でした（現在は登録制です）。ブームが始まっても、日本では、この社会で犬を飼うことについての責任感というものが希薄だったのです。

1973年に初めて制定された「動物保護管理法（動物の保護及び管理に関する法律）」も、ペットブームの影響で1999年と2005年に改正されましたが（改正により「動物愛護法」に名称変更）、飼い主やペット業者の責任や義務が強化されたのは、ようやく2013年になってからです。

2008年の愛犬ブームのピーク（推計1310万頭）以降はどうなったかというと、犬の飼育頭数は毎年数十万頭単位で減っていき、2017年以降は900万頭を割っています。

この原因には、ブームに乗って飼い始めた犬の多くが寿命を迎えて自然減になったこと、また、飼い主側の高齢化も要因と考えられます。ブームを支えた団塊の世代などが、高齢になって犬の散歩や世話が負担になり、愛犬が亡くなってしまったあと、新たに次の犬を飼うまでに至らないケースは多いと思います。

そして、犬に対する基本的な無知が、「思っていたような犬との暮らしにならなかった」「予想以上に大変なことが多かった」という事態を生んでしまい、犬を途中で手放してしまったり、「犬を飼うのはもういいや」という残念な結果を招くケースも多かったのです。

典型的な例の一つが、ペットブーム初期の社会現象ともいわれた、シベリアン・ハスキーの一大ブームでした。

80年代後半にハスキー犬が登場する漫画で人気に火が付き、バブル景気にも乗って日本中にシベリアン・ハスキーのブームが起こりました。しかし、本来は北国で犬ぞりを毎日何キロも引っ張る犬ですから、力が強く体力もあり、家の周りの散歩程度ではとても運動量が足りません。酷寒の地に暮らす犬なので高温多湿の日本の気候には向かず、抜け毛が大量に出ることもあります。

そして、この犬の特徴も飼育の大変さも知らないまま、ブームに乗って飼い始める人が急増したため、しつけもできずに手に負えなくなり、飼育放棄する人たちが大量に現れたのです。ブームはわずか数年で下火になり、各地の保健所や保護センターは、飼い主に捨てられたハスキー犬であふれたといいます。

こんな悲劇は二度と繰り返してはなりません。

「叱ってしつける」から「ほめてしつける」へ

日本ではなぜか、犬のしつけというものがあまり重視されずにきました。

ペットショップやブリーダーは、犬を売ってしまえば、その後のしつけまでは面倒を見ません。おまけに犬種ごとの特徴や飼い方の注意などの説明が、十分になされないことが多かったのです。それはまさに「取扱説明書なし」の状態で商品を渡すようなものでした。

犬を飼うのが初めての人は、犬の飼い方の本に載っているしつけ法を見て、そのようにやってみて、思うようにいかないと放っておくことになります。

やさしさと甘やかすことを混同して、愛犬がやることはなんでも許してしまう飼い主さんもいます。それでは、どうしてもやりたい放題のわがままな犬になってしまいます。

個人の家の中だけならそれでも許されるのですが、人間も多く、ほかの犬と出会うことも多い日本の社会で、「しつけなしで犬を飼うのはルール違反」といわれても仕方がないでしょう。

では、しつけを専門家に頼もうかと思っても、犬のしつけ教室というのも昔は数が少なく、あったとしても、トレーナーは昔から定石とされてきた方法や、個人の経験や持論に頼って行っていることが多かったのです。命令に服従させるための、警察犬のようなきびしい訓練を一般の家庭犬に行うところもありました。

いまでも、飼い方の本やネットでしつけの情報を探すと「飼い主はリーダーであれ」とか「犬との上下関係を崩さないこと」などと書かれています。そういう関係に違和感を覚える飼い主さんの中には、自分がおかしいのかとか、何か違うなと悩み、何を信じていいかわからなくなってしまう方もいます。

上手に楽しくしつけをしたいのに、自分の愛犬に合った方法がわからない。

そうした悩みを抱えていた飼い主さんたちを、僕はたくさん見てきました。

そもそも、かつてのしつけのやり方は、「犬とはどういう動物か」というエビデンスがないまま行われていました。

それはもう時代遅れのやり方なのです。

この20年ほどの間に犬についての科学的研究は飛躍的に進み、いまではしつけにも一定のエビデンスに基づいた方法がとられるようになっています。

「指示に応じてくれること」と「命令に服従させること」とを明確に分けて考え、家庭犬は、叱ってしつけるのではなく、ほめてしつけることを原則に考えるようになりました。それはつまるところ、しつけのやり方も含めて、人と犬が共に暮らすとき、〝お互いがなるべく幸せな気分で過ごせるように〟方向付けされてきたということです。

古い常識はくつがえされる――。

2000年以降、世界各国で犬の行動や認知について科学的な検証が行われるようになり、その結果、古い常識の何割かは誤りだったり、根拠のない思い込みだったことがわかってきました。

くつがえされた常識や、いまだに誤解の多い犬の習性について、以下にいくつかの例をあげておきます。

「引っ張りっこ」は犬にも勝たせてあげる

ぬいぐるみなどのおもちゃを咬《か》んで飼い主とやる「引っ張りっこ」は、多くの犬が好む遊びです。

この遊び、ちょっとした興奮が味わえるので犬も夢中になることが多いですが、かつては飼い主の優位性を示すために、「最後は飼い主が勝っておもちゃを取り上げるようにしなさい」と言われていました。

しかし、「引っ張りっこ」はもともと野生での「獲物の獲得」がもとになっており、生きていくために必要な、狩猟本能を刺激する遊びの一つなのです。

そう考えれば、「がんばれば自分のものになる」という達成感や成功体験を味わわせることも大事だとわかります。「〝獲物〟を捕らえることができた」という安心を得ると、次への期待も増えます。〝狩猟が成功した満足感〟を知ると、「また遊ぼう」と自分でおもちゃを持ってくるようになります。

反対にいつも最後は飼い主に取られてしまうようだと、食べ物などほかのものを得たときも、「取られるのではないか」と不安になったり、好みのものをどこかへ隠したり、飼い主に対してビクビクするようになることもあります。

「引っ張りっこ」は口腔内の健康を保つ役割もあるため、子犬のうちから専用のおもちゃを用意してまめに遊んであげましょう。

「ムダ吠え」という吠え方はありません

飼い主さんの悩みで最も多いのが、「ムダ吠えが直らない」というものです。とくに集合住宅や家の密集した都市部で犬を飼う場合、深刻な悩みになりかねない問題です。しかし犬にとって「ムダ吠え」というものはなく、吠えるのは何かしらの理由があって吠えているのです。

吠える（Ｂａｒｋ）理由としては、「注意喚起、防衛、挨拶、警報、遊び、寂しさ」という6種があげられます。玄関のチャイムが鳴ったら吠える、人が来たら吠える、バイクや自動車の音に吠えるなど、飼い主からすれば「なんでいちいち吠えるの!?」と言いたくなると思いますが、犬はなわばりへの侵入を警戒したり、家人へ注意喚起のつもりで吠えるのです。

それをムダ吠えとして「コラッ、やめなさい」と叱っても、なぜ叱られるのか犬にはわかりません。挨拶のつもりで吠えるのであれば、人も挨拶を返してあげることが必要ですし、人が外出しようとすると吠えるのなら、留守中の寂しさを紛らわせるおもちゃを用意するなど、何か工夫が必要でしょう。

　理由があって吠えるのに、人がそれに対応してくれないと、さらに不安を覚えてまた吠えることになります。吠え声がやまないのは、吠える理由に応じた人側の対応ができていなかったり、曖昧《あいまい》だったり、要求に十分応えていないことが多いのです。なお、ストレスなどによる過剰な吠えについては、第4章の問題行動のところで説明します。

「咬みつき」は攻撃よりも防衛のため

「飼い犬に手を咬《か》まれる」とは、面倒を見ていて信頼していた部下に裏切られるような場合に使われますが、犬は裏切りで人を咬んだりはしません。

　また、人に危害を加えようという攻撃の目的で咬んだりもしません。

　人に対する咬みつきは、ほとんどの場合が不安からきています。強い不安からくる恐怖やストレスによって起こる、防衛的な威嚇《いかく》行動であることが多いのです。

　アメリカの生理学者ウォルター・ブラッドフォード・キャノン（Walter Bradford

Cannon）は、動物が強いストレスを受けると「ファイト・オア・フライト（戦うか逃げるかの行動）」と呼ばれる反応を示すことを提唱していますが、動物は追い詰められたり、強い恐怖を感じたとき、まず逃げる行動を選びます。

その余地がなく切迫した状況のとき、やむを得ずファイトすることになります。ファイト＝攻撃は最後の手段なのです。

飼い主とファイトする状況は、普通はあり得ませんから、犬が咬むときは危機や恐怖を感じたときの威嚇なのだと理解しましょう。

家庭犬が危機を感じるケースはそう多いはずがありません。しかし、ふだんからストレスを抱えている犬だと、飼い主がおもちゃを片付けようとすると、「おもちゃを取られてしまう」と感じたり、自分が寝床にしているソファに人が近づいてくるだけで、「寝床を奪われる」と感じて、咬んでしまうという例があります。

床をボロボロにするのは「巣穴掘りの習性」

床のカーペットやソファの上でさかんに前足を掻《か》いて、ボロボロにしてしまう犬がいます。円運動のようにぐるぐる回りながら、カーペットを一生懸命ほじくってしまう犬もいます。

高価なカーペットやお気に入りのソファを台無しにされた飼い主さんはがっかりでしょうけれど、これは犬の習性なのである程度仕方ありません。

もともと犬は、地面に自分で穴を掘って寝床にしていました。子育ても巣穴でしていました。室内飼いになっても穴掘りの習性は残っているので、気に入った場所をせっせと掻いたり、掘る仕草をする犬は珍しくないのです。

犬は寝る前によく、前足で掘るような仕草をしてクルクルッと回る動作をしますが、あれは寝心地がよくなるように巣穴の床を整えているイメージなのです。

昔は庭に鎖でつないで犬を飼う家庭も多かったので、年配の愛犬家には、飼い犬に何度も地面を掘られた経験を持つ方もいると思います。庭の隅に穴を掘って、おもちゃや食べ物を隠したりもします。テリア系の犬はもともと穴や地中にいる害獣を駆除する犬種ですから、庭やドッグランで遊ばせると、喜んで穴掘りを始めることがあります。

このように、穴掘りの仕草は犬の習性なのだということを知っていれば、「カーペットをダメにする＝うちの犬は問題行動をする」といった誤った認識をしないですむわけです。

ただし、室内で穴掘り行動をやめない場合、1頭での長時間の留守番が多いなど、なんらかのストレスや、運動不足が原因になっている可能性もあります。ひんぱんにやる場合、その行動を引き起こすストレス要因はないか、愛犬をよく観察することが大切です。

毎日の散歩だけでは運動不足になる

犬を飼う楽しみの一つが散歩です。基本の目安は、1回最低30分を朝・夕2回と一般にはいわれていますが、小型犬・中型犬・大型犬でも、犬種によっても、適切な散歩の距離や時間は異なってきます。

人間にとっては、30分程度の散歩でも「それなりの運動になる」と感じる方も多いかもしれません。でも犬にとっては、ほとんどの場合、散歩だけでは運動不足になってしまいます。散歩は「気晴らしにはなっても運動にはならない」と思っていたほうがいいと思います。

たとえば、近所にドッグラン付きの公園があるような方は、そういう施設を利用して週に何度か十分な運動をさせるようにしたいところです。ただ、そうした環境にいる方は少数派でしょう。ふだんから家の中や、囲い付きの庭があれば庭に出して、愛犬とまめに遊んであげることが運動不足解消の基本と言えます。

室内でもある程度スペースがあれば、おもちゃを投げて取って来させる「レトリーブ」の遊びができますし、狭くてもロープ付きおもちゃでの引っ張りっこをするなどの遊びができます。散歩でもコースをいくつか作り、アップダウンが多く運動量が増えるロングコースを週に何回か盛り込むなど、日々の散歩を工夫するのも有効だと思います。

運動不足は筋力の低下や肥満・ストレスを溜めるなどの原因ともなります。散歩を欠かさないから大丈夫、と思うのではなく、運動不足を防ぐには「散歩プラス遊び」が必要と心得ましょう。

しっぽの振り方だけで犬の気持ちはわからない

「犬は嬉しいときしっぽを盛んに振る」というのはたいていの人が知っています。それは間違ってはいませんが、しっぽを振っていれば喜んでいると思い込むのは危険です。犬は興奮するとしっぽを振るため、嬉しくても、恐怖を感じていてもシッポを振るからです。（図2参照）

犬はことばを使わない代わりに、体に表れるボディランゲージ（身体言語）によって、そのときの感情を読み取ることができます。耳は立っているか伏せているか、口元は閉じているか開いているか、上体は普通に起きているか低く屈《かが》めているかなど、体全体の表情を観察することで、そのときの犬の気持ちがわかります。（52ページ図3参照）

犬同士でも、視覚（身体表現）・嗅《きゅう》覚（におい・マーキング）・聴覚（唸《うな》り・吠え・鳴

図2

〈感情をあらわすからだの変化〉

しっぽが示す感情表現

▲犬は興奮するとしっぽを振るため、嬉しくても、恐怖を感じていてもしっぽを振ります

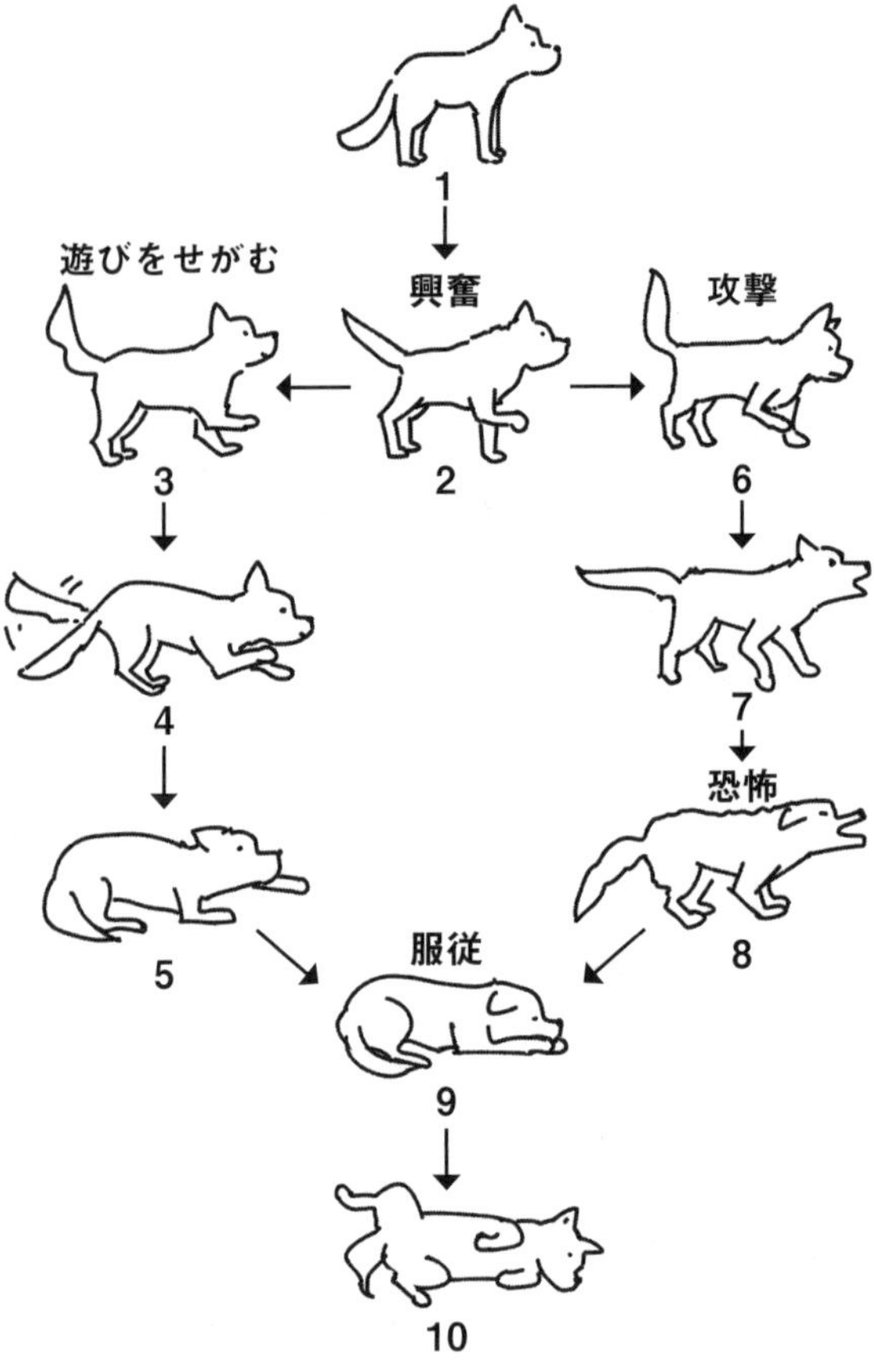

参考：『イヌのこころがわかる本』マイケル・W・フォックス 著

図3

〈姿勢からわかる犬の感情表現〉

1 正常なリラックスしている姿勢

2 興奮して敵対的な反応を起こしやすくなる

・足の動きが角ばる

3 遊びに誘うしぐさ

・前足の持ち上げ
・なだらかに弧を描いた首
・高く上げられているしっぽ

6 意思的に敵対する態度

・両後足がさらに大きく開かれる
・しっぽは弓なりになって
目立つように高く上げられる
・背中全体の毛が立つ
・前のめりになる

8 恐怖を感じている

・しっぽは低く垂れ下がる
・姿勢を低くする

5・9 非敵対的姿勢

・頭と首は縮こまって背中と一直線
・お腹は地面につく

10 相手との交流を退く

・しっぽを股の間に挟み込む
・お腹をだして転がる

き声）を用いてコミュニケーションをとっています。それは仲間と親しむためというよりは、野生では自分の身を守って生き抜くために必要なことだったからです。

犬は人のことばを想像以上に理解している

感情はことばの代わりにボディランゲージで示される一方、犬が人間のことばを理解する能力は、人間の3歳児くらいのレベルに近いといわれています。

2004年に米国の科学雑誌「Science」に発表されたドイツの研究では、リコという名前のボーダーコリーが200種類以上の物の名前を覚え、その単語を初めて教えてから4週間経っても名前を聞くだけで認識し、指示された物を取ってくることができたということです。

ただし、犬はことばの意味を理解できるわけでなく、特定の物（たとえばボール）とその名前の音声を結びつけて覚えるだけで、「ボール」とは何をさしているかは認識しても、「ボールとは球形でよく転がるおもちゃだ」というような理解はできません。またひとつながりの文になったことばも理解はできず、あくまで単語レベルで記憶するということです。

しかし、犬の言語理解に関しては現在も研究が進んでいる途中で、私たちの想像を超えた能力を持っている可能性があります。

２０１１年には、アメリカのウォフォード大学で3年間のトレーニングの結果、１０２２個のおもちゃの名前を覚えたチェイサーという名前のボーダーコリーの研究が発表されています。

チェイサーは、「ボールを持ってきて」と指示すると、膨大な数のおもちゃが置かれた場所で、多数用意されたボールのうちのどれかをくわえて持ってくるようになったそうです。つまり特定のある物と結びつけるだけでなく、「ボールとはこういうものだ」という理解まで進んだ可能性も考えられるわけです。

子どもっぽさを残したまま成犬になる

犬は人に懐く動物で、犬同士でいるよりも、人と一緒にいるほうが安心するということもわかっています。飼い主と犬は母と子の関係に似ていることは先に述べましたが、犬がこれほどまで人間に親しむようになったのは、そのような動物にするために人間が長い時間をかけて改良してきた結果です。

そのことは犬の顔つきからもわかります。

犬は先祖のオオカミから分化して人間と暮らすようになる過程で、野生から家畜への大きな変化がありました。人が犬を家畜化するようになると、野生の本能をなるべく表に出さないように、「子どもっぽい性質のまま成長するように」改良されていきました。

その間、身体的には、脳は退化して小さくなり、顔やあごが小さくなり、鼻が短くなり、耳が垂れるなどの変化がありました。同時に、狩猟本能・闘争本能を失っていき、攻撃性の低いおとなしい動物になっていきました。

これは「幼形成熟（ネオテニー）」と呼ばれ、幼い頃の性質を色濃く残したまま大人になるという現象です。犬というのはこの典型とされる動物なのです。

ちなみに、猫はほとんど人間の手で改良が加えられなかったので、現在のイエネコも狩りが上手です。しかし家庭犬のほとんどは、狩猟本能もその技能も低下していて、自分ではまともに狩りができません。

また猫は大人になり年を取ると、飼い主への依存度は低下し、甘えることも少なくなります。しかし、犬は大人になっても飼い主に甘え、ドッグランで一緒にはしゃいだりするし、飼い主がいないと寂しがるものです。

イギリスのテレビ番組「ＢＢＣドキュメンタリー」で行われた犬と猫の科学的実験では、犬が飼い主と遊んだときの〝幸せホルモン〟オキシトシンの上昇率は、猫が飼い主と遊んだときの上昇率の5倍も高かったと報告されています。犬はそれほど人とふれあうことを好み、幼児のようにずっと飼い主を慕う動物なのです。

人間側のコミュニケーション力を高める

これだけ人が好きで、人と遊びたがる犬なのに、「しつけがうまくできない」とか「言うことをきかない」と悩む飼い主さんが多いのはなぜなのでしょうか。

その原因の一つとして僕が感じるのは、「人間側の犬とのコミュニケーション能力が不足している」ということです。

犬は、常に安心と不安の間を行き来しています。自分が必要とする欲求が満たされれば安心し、欲求を否定されたり、欲求に関心を示してもらえないと不安になります。安心する機会が多ければ、オキシトシン濃度も幸福感もアップし、人との絆も強まっていきます。

しつけも、「叱るよりほめて覚えさせましょう」というのは、不安にさせるよりは安心の機会を増やして、ルールを守りながら〝お互いがなるべく幸せな気分で〟社会生活をしていきましょうということです。

ほめてしつけるといっても、何かできたとき、ただほめことばを並べても効果はありません。

犬は、ほめことばをもらっても、それが自分にとって「いいこと・嬉しいこと」と結びつかないと、ほめられたことがわかりません。

たとえば、散歩中のしつけをしようという場合、交差点で「待て」がちゃんとできたとき、飼い主のあなたが「いい子だねえ、よくできたねえ」とことばだけでほめても、しつけの学習・強化にはなりません。

「いい子だねえ、よくできたねえ」と言いながら、飼い主も喜びつつ大好きなご褒美をあげる——。これを、指示通りできたその都度10回くらい繰り返すことで、初めて「ほめてしつける」ことの実効性が生まれます。

犬は言語理解力が高いといっても、「いい子だね」や「よくできたね」の意味はわかりません。飼い主がこのことばを言ったら、「飼い主が喜んでいる・おやつがもらえる」という、自分にとって「いいこと」が起こることに結びついて、ほめられることを理解します。

「ほめことばをかければいいんだ」などと表面だけでとらえてしまうと、コミュニケーション下手が、「しつけ下手」を招いてしまいます。

ことばだけでほめないこと。そして、ほめことばは一度決めたら変えないことです。交差点でちゃんと止まれば――あのことばが聞けて――いいことが起こる。まずはそのワンセットでしつけの学習になっていきます。

あなたの愛犬はもっと幸せになれるはず

ここまでざっと読んできただけでも、「犬について、じつはよくわかっていなかった」と自覚した人も多いのではないでしょうか。

共に生活する相手なのですから、まず犬の生態を正しく理解し、本来の習性や特徴を知った上で付きあっていくことが大事です。人間も同じですが、相手への理解が深まればコミュニケーションもとりやすくなります。

そして飼い始めの段階で、人間と生活していくために必要なマナーを教えていきましょう。それがしつけであり、その第一の目的は、飼い主側が気分よく過ごすためだけではなく、何より犬のためなのです。

しつけとは、人との共生が円滑になるような望ましい行動を学習させること。

しつけがされないままの犬は、本来の習性のままに好き勝手な行動をとります。吠える、咬みつく、掘る、物を壊すなど、それは犬にとっては自然な行動でも、人間社会ではほとんどが迷惑になり、ときには問題行動とされてしまいます。

自然にふるまっているだけなのに、何かするたびに叱られたり怒鳴られたりして、周りの人間はいつも不機嫌な対応をしてくる……。それは犬にとっても、人間にとっても不幸なことです。

ただ犬を飼えば「飼い主」になれるわけではありません。共に暮らす相手を理解し、守るべき必要最低限のことを責任をもって教えること。そうして初めて人は「飼い主」となり、正しい愛情の注ぎ方ができるようになります。

犬も人も幸せになれる暮らしはそこから始まります。

第2章 犬は世界をどう感じているか

――その認知能力と行動を知ろう

犬は人間とは違う世界で生きている

犬という動物を知る上で、大前提として知っておきたいのは、五感の感覚が人間とはまったく違うこと。そして脳の働きも人間とはまるで違うということです。

これは当たり前のことなのですが、ともすれば、犬と家族同様に暮らしていくうちに、犬も人と同じようにものを見たり聞いたりし、人と同じような感情を持つように思い込んでしまう方もいます。

同じ空間で生活していても、犬は人間とは違う世界で生きています。

まず感覚受容器の構造が違うため、人と同じ環境にいても、目、耳、鼻から受け取る情報が人間とはまったく異なっているのです。感覚の特徴としては次のことがあげられます。

●犬の視覚の特徴

近くのものに焦点を合わせにくく、100センチ以内のものは輪郭がはっきりとは見えていません。

立体視は苦手とされ、片側の眼のみ視力がいいというケースが多いです。牧羊犬には1キロ先のハンドサインを見分ける犬もいます。

赤い色のものを区別しにくく、全体に緑がかって見えています。そのため草むらの中で赤いボールを見失うということも起こります。人間でいうと赤と緑の判別ができない「赤緑の色覚障害」に近い色覚ではないかと考えられています。

弱い光でも反応する細胞や網膜の後ろのタペタム（輝板《きばん》）が発達しているので、暗がりでも目は見えるという特徴があります。

●犬の聴覚の特徴

聞こえる音の範囲（可聴域）が広く、高周波数の音も聞きとります。人の可聴域は20～20000Hzなのに対し、犬の可聴域は65～60000Hzとされています。人間には聞こえない犬笛の音（約30000Hz）など超音波も犬には聞こえています。

人の耳では感知しない家の外からの騒音や、集合住宅での階上や階下の部屋の物音、遠くの排水管の音やエアコンなどの駆動音にも敏感なため、反応して吠えるということも起こりがちです。近年はペット共生型マンションが急増しています。しかし集合住宅の防音設計は、人間の耳には配慮していますが、犬の聴覚にまで配慮した物件はまったくないと言ってもいいのが実情です。

●犬の嗅覚の特徴

ご存じのとおり犬の最大の特徴と言えるのが嗅覚で、匂いを嗅ぎとる嗅覚細胞の数は、人の約500万個に対し、犬は2億8000万個もあります。

解剖学的には、臭気の種類により人間の2000倍から1億倍もの嗅ぎ分け能力があることがわかっています。ちなみにこの1億倍とは、1億倍強く感じるのではなく、人が感じとれる最小の量をさらに1億倍に希釈しても犬は嗅ぎとれるということです。

犬はこの嗅覚を生かして、「見知らぬものは匂いで確認する」という行動がひんぱんになります。その驚異的な嗅覚は、人間社会でも警察犬や災害救助犬、税関での麻薬探知犬などのかたちで貢献していますが、最近の研究では人の感情さえも匂い（汗に含まれるアドレナリンの放出量）で嗅ぎ分けることがわかってきています。

また人間のがん患者もかなりの確率で嗅ぎ分けることがわかっており、人の尿中の匂い成分からがんの有無を判定する〝がん探知犬〟を実際に検診に取り入れる医療施設も出てきています。

犬種としては鼻が長いタイプは嗅覚もすぐれており、短頭種など鼻がつぶれたり短いタイプは劣る傾向があります。

こうした犬の感覚能力を知らないために生じる誤解もあります。愛犬がどうも落ち着かないとか集中してくれない場合、人には感じない音や匂いを気にしている可能性もあるわけです。

感覚の鋭敏さは、野生では狩猟などで生きていくために必要なものでした。しかし人に飼育され、改良されていく過程で、耳が垂れる、鼻が短くなる、顔が丸くなる、脳が小さくなるなどの変化が生じ、狩猟の必要もなくなると五感の鋭さは退化していきました。それでも目・耳・鼻の感受性にこれだけの違いがあるのですから、犬と人は世界の感じ方が大いに異なることがわかると思います。

善悪の判断をしないし先の予測もできない

感覚受容器は、外部からの刺激を脳に伝えて行動を促す役割があります。

動物の行動には、それを促す何らかの刺激が必ず存在し、五感が敏感であるほど刺激を受けやすいということになります。

その行動を司《つかさど》るのが脳ですが、人の脳と、犬などの哺乳類の脳では大脳皮質（大脳の表面部分）のとくに前頭葉の働きが大きく違います。

前頭葉には、「思考・判断・情動のコントロール・行動の指令」という大事な役割がありますが、犬の前頭葉の働きは鈍く、簡単に言うと「犬は人のように本能を理性でコントロールすることが難しい」のです。

犬は哺乳動物のなかでも「頭がいい・かしこい動物」とされていますが、大脳皮質のうち前頭葉の占める割合は、人は30％、犬は7％、ネコは3％となっています。つまり、犬は人間のように何か考えに基づいて行動したり、意図的に行動をコントロールすることはほとんどできないのです。

そうした脳の働きをふまえて、犬の行動や認知能力を見ていくと、次のような特徴があることがわかってきます。

●感情をコントロールすることが苦手

犬は、高ぶった気持ちを自分で落ち着かせたり、がまんするなど、情動・感情のコントロールが苦手です。

●善悪の判断はしないし、人社会のルールも理解できない

人間のモラルや道徳観とは無縁なので、自分の行為の善悪の判断をしません。基本、人の都合にはおかまいなしです。人社会のルールをそのまま押し付けようとしても、守るべき理由を理解できません。

●先のことを予測して考えることができない

これをやったらどうなるか、という先のことを考えることができません。たとえば、

子ども用のぬいぐるみの腕を咬んで振り回したら、腕が取れてボロボロになる……といった行動の先の結果を予測することはしないし、できないのです。

●短期記憶は10秒程度で消えることも

記憶には短期記憶と長期記憶がありますが、犬の短期記憶は30秒～120秒程度とされ、10秒程度で消えてしまうこともあります。さっきやったばかりのこともすぐ忘れて、また同じことをやるということが起こります。

●人にいやがらせをすることはない

飼い主に対してわざといやがらせをすることはありません。相手を困らせて喜ぶという発想も想像力も持たないし、犬にそういう概念はないのです。

人がいやがることかどうかの判断もできません。してほしくないところへ排泄するケースも、犬に「おしっこやうんちは汚い」という衛生観念はないので、「これで人を困らせてやれ」と意図することはあり得ないのです。したがって、叱られた腹いせでわざとおしっこをするようなことはありません。

●ほめことば／叱りことばだけかけても理解しない

「いい子だね」とか「いけない・ダメ」ということばだけを聞いて、自分はほめられたとか叱られたとかは理解できません。先述しましたが、ことばだけではなく、ことばプラスいい結果（ごほうびがもらえる）、または悪い結果（リードを強く引かれるなど）と結び付くことで、自分の行為が肯定されたのか否定されたのかを覚えていきます。

●叱られても反省はしません

「うちのワンちゃんは叱るとシュンとなって反省のポーズをします」という飼い主さんがいますが、犬は叱られても反省はしません。

なぜ悪いことなのかを理解しないし、やったことを後悔もしません。叱られておとなしくなるのは、飼い主さんが怖くて萎縮しているだけなのです。これはいくつかの実験でも明らかにされています。

叱られると目をそらしたりするのは、犬の目をじっと見て強い調子でしゃべる飼い主にケンカや闘いの前ぶれを感じ、目をそらすことで「自分は闘いモードではありません」という意志を示しているのです。

うなだれたり、体を縮めて〝反省のポーズ〟をしているように見えても、飼い主のふだんと違う態度に怯《おび》えて、「早くこの恐怖から抜け出したい、早くこのつらい時間が終わればいい」と思っているだけのことがほとんどです。

満腹感がないのでいくらでも食べてしまう

これは摂食行動の話になりますが、犬を初めて飼ったとき、食べ物をいくらでも欲しがることに驚いた人もいるのではないでしょうか。

犬は食べ物をほとんど一気食いしてしまい、出されたものはいくらでも食べてしまう傾向があります。

これは犬が特別〝食い意地が張っている〟というわけではありません。犬は、人や他の動物ほど脳の満腹中枢が機能していないため、「満腹感を感じにくい」という特徴があるのです。そして一度にたくさん食べるよりも、食べる回数が増えるほうが犬は喜ぶのです。

そのため、しつけやトレーニングの際のごほうび（トリーツ）として、好きな食べ物を何度でも与えることが有効な方法になってきます。

ところが、しつけ教室などでたまにいらっしゃるのは、「食べ物で釣るなんて、浅ましくていやだ」という飼い主さんです。ごほうびに「おやつ」をあげてトレーニングすることを頑《かたく》なに拒否する飼い主さんもいます。

それは「人間の物差し」でしか考えられない方なのです。

しょっちゅう食べてばかりいるとか、もらうだけ食べるのが〝浅ましい〟とか〝意地汚い〟と感じるのは人間だけです。動物にとって食べ物を見つければ口にするのは別に浅ましいことではないし、食べたばかりでも、もらったらまた食べるのは犬の本能なのです。

満腹中枢がほとんど機能していないということは、脳が「もう十分だ」という指令を出さないということ。だから犬は「もうけっこう」なんて遠慮はしないし、あげたらあげるだけ食べるのが普通なのです。

野生ではいつ食べ物にありつけるかわからないので、いまある食べ物を一気に丸呑みし、大量にお腹にため込もうとしていました。その名残で、犬はごはんをあげるとほとんど咬まずに呑み込むようにして食べます。

猫はごはんを少し残したり、数度に分けて食べることが多いのですが、犬は出されたものを一気に食べてしまいます。そのため、留守番させるときなど、器に食べ物を出しておくと一度で全部食べてしまうので、自動給餌器《きゅうじ》を利用したり、遊びながら食べ物が得られるおもちゃ（コングなど）を与えるなどの工夫が必要になります。

「人間の物差し」で犬の行動を見ないこと

ここまで述べたように、人間と犬は感覚や脳の働きが大きく異なります。

そこを理解せずに、犬をまるで同居人のように擬人化して、人の感覚や「人間の物差し」で行動を判断してしまうと、さまざまな誤解や人の勝手な思い込みを生んでしまいます。

大事なのは、人間側の一方的な思いや価値観だけで犬の行動を見ないことです。

こうしてほしいのに、なぜできないの？

何度も教えているのに、なぜ覚えないの？

犬と暮らしていれば、そのような不満が生じるのは当たり前なのです。

人間側の都合ばかり押し付けたい人は、はっきり言って動物を飼うことには向いていません。

犬はあくまで動物で、人と同じような考え方や行動はしません。

前項であげた、食べ物でしつけをすることに拒否反応を示す方のように、人間の価値観や常識（＝人間の物差し）で犬の行動を見てしまうのもやはり間違っています。

あらためてその点を認識し、犬の特性を尊重する姿勢を持てば、しつけやトレーニングをする際にもよけいな悩みが減ってくると思います。

「無償の忠誠心」を持つというのは幻想？

昔から犬は主人思いの動物とされて、「犬は三日飼えば三年恩を忘れぬ」などと言われてきました。

しかし、ここにも人間の勝手な思い込みが入っている気がします。

ただ飼えばいいわけではなく、飼い主が本能的欲求を満たしてくれる（十分な食事、安心な寝床、一緒に遊んでスキンシップをしてくれるなど）ことがなければ恩は感じてくれません。「動物なのだから、食べ物をあげていれば懐いて恩を感じるだろう」と思うかもしれませんが、それだけなら、よそでもっとたくさんごはんをくれる人を見つければ、そっちへ行ってしまいます。

同様に「犬は主人に対して忠誠心を持つ」というのも、ほとんどの場合、人間の思い込みです。これも親和性の高い飼い方をしない限り、ただの幻想と言っていいでしょう。

幸せホルモン（オキシトシン）に満たされるような、安心と幸せを感じる関係にあれば、親愛の情や絆を感じさせる行為がみられることはあります。

実際、「飼い主に危険が及ぶのを察知して知らせてくれた」とか、「か弱い子どもを懸命に守ろうとした」といった感動的なエピソードには事欠きません。

それを忠誠心と呼ぶのは自由ですが、犬は犬社会でも、仲間に危険を警告したり、犬同士で助け合う行動は普通にみられます。それを飼い主に対しても行っているだけだ、というドライな見方もできるのです。

群れで生活する動物には、危機に瀕《ひん》している仲間を助けようという行為は珍しくありません。社会性のある動物は、群れを維持していかないと自分の生存も危ぶまれるからです。

たとえばゾウの集団では、子ゾウを協力して助けたり守ったりしますが、それは群れ・集団の維持のために仲間を守る行為なのです。

そうした行動は、ときに自己犠牲をともなう〝利他的〟な、見返りを求めない無償の行為に見えることもあります。しかしそこには「自分の生存にも関わる」という動物の本能がはたらいているはずなのです。

犬は人間が好きですが、〝欲求の期待に応えてくれる存在〟が好きなので、人に飼われても、不満やストレスばかり抱えるようだと何年飼っても恩義や忠誠心のようなものは抱きません。

ちなみに、有名な「忠犬ハチ公」の話がありますが、ハチは飼い主だった大学の先生を、亡くなった後もずっと駅で待ち続けていたわけではなく、好物の焼き鳥をくれる人を待っていたのが真実だそうです（諸説あり）。ハチの剥製は東京の国立科学博物館に現存していますが、解剖した際にハチの胃袋からは焼き鳥の串がいくつも出てきたそうです。

犬は泣いている人を放っておけない

「忠犬ハチ公」の話でがっかりさせてしまったかもしれませんが、それでも人と犬の関係には何か特別なものがあるのは確かです。

実際に犬を飼っていて、いろいろと実感する方も多いでしょう。たとえば、長い外出から帰ってくると全身で大歓迎してくれるし、犬を優しくなでていると、自分も気分がおだやかになり、犬の安心感も伝わってくるなど。

また、気分が落ち込んでいたり、悲しい出来事に心がふさいでいると、いつの間にか愛犬がそばに来て寄り添ってくれる、ということもあります。

犬には人への共感力があり、悲しんでいる人に同情し慰めたいと思う能力があるのではないか？　愛犬家が抱きがちなそうした思いを裏付けるような実験も行われています。

英国ロンドン大学の研究者たちが、「しゃべりだす人、鼻歌を歌いだす人、泣きだす人」に対する犬の反応を調べた実験では、犬たちの多くは、自分が夢中になってやっていることを放りだしてでも「泣きだす人」のそばに行き、慰めるような行動をとったというのです（「Animal Cognition」誌への発表）。

実験に使われたのはさまざまな犬種の18頭で、そのうち15頭が泣く人に寄り添ったり体にふれたといいますから、じつに83％の高率です。しかも、飼い主に対しても、まったく知らない人に対しても同様の態度をとったのです。

これは、おやつなどごほうびの見返りを求めていないことの表れで、この実験で見る限り「泣いて悲しんでいる人に対して、犬は見返りを求めず平等に慰める」ということが言えそうです。

実験に当たった研究者は、「これらの犬の行動は、人間の3〜4歳児が、泣いている誰かを慰めようと抱きしめたり、おもちゃを与えたりする行為と同様のものではないか」と述べています。

たしかに1〜2歳の小さな子どもは、周りで誰かが泣いていれば一緒に泣き出したりはするものの、慰めようとはしません。助けようとか慰めようという感情を抱くのは3歳を過ぎた頃からです。

つまり犬は、社会性が芽生える人間の3〜4歳児くらいの同調性や共感力を持っているようなのです。

この行動が、純粋に人の感情に反応した行動なのか、犬社会でもみられる社会的行動の一つなのかは、はっきりわかっていません。それでも「人類最良の友」と言われる犬の本質にふれるような研究結果だと思います。

人の心と体を癒してくれる犬たち

泣いている人を慰めてあげたい、そばにいて不安をなくしてあげたい……。そうした人間への親和性の高さが発揮される一例が、セラピードッグやファシリティドッグと呼ばれるものです。

セラピードッグとは、アニマルセラピー（動物介在療法）の一つとして、高齢者や認知症、自閉症などの障がいを持つ人々に対し、心や体のリハビリテーションのためのプログラムを行う際に介在する犬をさします。

セラピードッグとなるには高度な訓練が必要で、ハンドラーという専門のスタッフが行動を共にします。高齢者や患者が犬とふれあうことによって、情緒的な安定がもたらされ、身体の運動機能の回復効果が得られるとされています。

ファシリティドッグもセラピードッグの一種で、アニマルセラピーより高度なトレーニングを受けた上で、それを必要とする施設（主に小児専門病院）にスタッフとして毎日常駐する犬のことをいいます。

ファシリティドッグは、入院中の子どもたちに癒しや楽しみを与えるだけでなく、治療の現場にも関わることがあり、病院の医療スタッフの一員なのです。ハンドラーも看護師や臨床心理士など医療従事者の資格が必要になります。

子どもは動物を抱きしめたり、ふれあうことが大好きで、このスキンシップには子どもたちのストレスや治療の不安を減らし、元気づける効果があることが研究により明らかにされています。実際、病室で採血の場に立ち会ったり、歩行訓練に同行したり、手術室まで子どもに付き添って安心させるなど、治療の手助けにも大いに貢献しています。

こうした役割を担える動物は、やはり犬以外には考えられないと思います。

ちなみに、日本ではベイリーというゴールデンレトリバーのファシリティドッグが2010年に初めて導入され（静岡県立こども病院）、以後、まだ数頭ですが、ファシリティドッグが小児専門の病院で活躍しています。

犬の喜びは本能的欲求が満たされること

犬にとっての最大のごほうびは、「本能的欲求が満たされ安心すること」です。

その欲求には、食事や飲水、遊び、ふれあい、安心できる休息場所（寝床）などがあります。人が欲求の期待に応えてくれ、安心感に満たされると、幸せホルモン＝オキシトシンの分泌が上昇します。この安心感や期待感が、大事な相手（飼い主さん）への愛着や忠誠心に結びついていきます。

犬と飼い主が親密になると、視線の交流が増えていきます。

そして人と犬の離れがたい「絆」が生まれ、見つめあうだけで人も犬も幸せホルモンに満たされる関係になります。犬好きの方なら感じたことがあるであろう「愛犬と見つめあうだけで落ち着く・幸せな気分になる」というのは、ちゃんと理由があったわけです。

それをフロー（流れ）化すると、次ページのようになります。

本能的欲求を満たしてあげる→犬のオキシトシンが上昇する→飼い主を見つめる頻度が増える（積極的に見つめるようになる）→愛犬に見つめられると嬉しくなり幸福感がわき、飼い主のオキシトシンが上昇する→体をなでたり、遊んでやる時間が増える→犬はさらにオキシトシンが上昇し、飼い主を見つめる視線が増える

この一連の流れは、世界で初めて人と犬の相互のオキシトシン上昇を研究した麻布大学のチームによって「ポジティブループ」と呼ばれています。

このループは、視線の交流が増えることは非常に大事であることと、犬は安心できる相手とのふれあいに幸せを感じることの裏付けにもなっています。

ただし、遊んだり体をなでてあげるのも、犬の「本能的欲求」を満たすやり方でないと意味がありません。犬にとって退屈な遊びをしたり、なでてほしくないときに下手ななで方をされても、満足するどころか犬にはまったくウケません。

犬の欲求を正しく知るためにも、その生態や行動特性を理解することが大事になるのです。

ウケる遊びは狩猟本能を満たしてくれるもの

では犬にウケる、〝本能的欲求を満たしてくれる遊び〟とはどんなものかといえば、野生での狩猟行動に近いものです。

先祖のオオカミをイメージしてみるとわかりやすいかと思いますが、かつて野生の犬にみられる一連の狩猟行動は次のようなものでした。

①数頭の群れで、体勢を低くして獲物に近づく
②いっせいに走り出して獲物を追いつめる
③獲物に飛びかかり首などに咬みつく
④咬みついたまま獲物を振って、とどめを刺す
⑤皮を引き裂いて肉や内臓を食べる

狩りをするのは主として草原地帯で、身を隠せる場所は少なく、自分の存在を獲物に

さとられやすい環境でした。そのためネコ科の動物のような待ち伏せや忍び寄りによる獲物の捕獲は難しく、群れを作って、いっせいに走り出して獲物を追いつめるという狩りの方法をとっていました。待ち伏せするより、速く走って獲物を捕まえるほうが効率的だったのです。

この狩猟行動から連想される遊びには、投げられたボールやおもちゃをダッシュで取りに行く「レトリーブ」や、頑丈なロープなどの「引っ張りっこ」があげられるでしょう。ドッグランなど広い場所で思いきり「追いかけっこ」をすることも、狩りの本能的欲求を満足させることがわかると思います。

犬が喜ぶ遊びには犬種ごとの特徴が反映されるので、愛犬がどのような目的で改良された犬種なのか知っておけば、遊び方にもあまり悩まずにすむはずです。

「レトリーブ」は、その目的で改良されたレトリバーなどの犬種以外でも喜んで遊ぶことが多いです。ものを追いかける、探す、見つけて持っていく、という行為が五感の刺激となり、適度な興奮をもたらすのです。

多くの犬が「引っ張りっこ」が好きなのは、犬歯でがっちりくわえて自分のものにしようという動きが、獲物にとどめを刺して自分のものにするときの興奮と通じるからだと考えられます。

さらに、環境が許せばですが、飼い主や仲良しの犬と「追いかけっこ」で思いきり走ったり跳ね回って遊ぶ機会を作れればなおいいでしょう。

以上にあげたのは典型的な〝犬にウケる遊び〟ですから、飼い主さんは意識して日常に取り入れてほしいと思います。

日常の行動の特徴を知り管理する

犬は飼い主と一緒に遊ぶことを好みますが、おもちゃなどを使った単独の遊びも好きです。遊び好きなのは子犬時代にとどまらず、子どもっぽさを残したまま成長する（幼形成熟）ため、成犬になってからも遊びへの興味をなくしません。

犬にとっては遊ぶことも、心身を健全に保つために必要な行動なのです。

動物の行動は、別表（次ページ表1）のように分類され、個体だけで成り立つ「個体

表1

個体数による分類 機能による分類	個体行動	社会行動
維持行動	摂食行動 飲水行動 休息行動 排泄行動 護身行動 身づくろい行動 探索行動 遊戯行動	社会空間行動 敵対行動 親和行動 探査行動 遊戯行動
生殖行動		性行動 母子行動

行動」と、他の個体との関係で成り立つ「社会行動」があり、自分の生命を守り心身を維持するための行動は「維持行動」と呼ばれます。

　犬における「個体維持行動」は「摂食・飲水・休息・排泄・護身・身づくろい・探索・遊戯」という8種類に分類されます。以下、その主な特徴と注意点をあげておくので、日常の管理の参考にしてください。

●食べる（摂食行動）

　満腹感を感じにくく、与えられた分をすべて食べてしまうことは先に述べた通りで、食べる量を自分でコントロールできないので、飼い主が1日分の食事量（総カロリー）を管理しないと肥満になりやすくなります。量よりも食べる回数が増えたほうが満足するので、しつけやトレーニングが必要な犬には、ごほうびとして食事を何回にも分けて与えるやり方が有効です。場合によっては、ごほうびだけで1日分の食事をとらせ、器で食べる時間をなくしてもかまいません。食事は朝・夕の1日2回などと決めるのは人間側の都合で、犬は何度でも食べたいのです。

食べ物の嗜好性《しこう》は子犬時代の経験に大きな影響を受けるので、子犬のときからさまざまな種類のドッグフードを与えて、嗜好が偏らないようにします。

犬は雑食性ですが、人が食べる食事は与えないこと。味付けしてあるものは塩分・糖分などの過剰摂取につながります。

食べ物を取られることを警戒するので、食事中は干渉しないこと。多頭飼いの場合はそれぞれの器で与え、争いが起こるような場合は離れた場所で与えるようにします。

●水を飲む（飲水行動）

いつでも新鮮な水が自由に飲めるようにしておくのが理想的です。水を飲む量は、年齢や活動量、食事の内容、気温や湿度などで変化しますが、1日の成犬の平均的な飲水量は、体重1キロあたり60～70ミリリットルです。

●休む・寝る（休息行動）

柔らかい場所で寝るのを好み、ベッドやソファ、クッションなどを寝床にするのが好きです。寝る前によく前足で穴を掘るような動作をするのは、土を掘り起こして柔らかくして寝床を作っていた習性からきています。

子犬のときから飼い主と添い寝して寝るクセをつけてしまうと、単独で寝ることに不安を感じるようになってしまうので、子犬時代からクレート（持ち運びできる小型の小屋）で寝起きできるように習慣づけるのが望ましいです。

クレートで寝る習慣をつけると、病院などへの車での移動や旅行、災害時の避難など、クレートに入ってもらう必要があるとき抵抗感がないのでスムーズに利用できます。来客時の居場所や一時避難場所としても利用できます。

もともと巣穴で暮らしていた名残で、薄暗く囲われた場所で寝るのも好み、テーブルやソファの下を休息場所にする犬も多いです。寝床以外にも、クッションなどを利用して犬専用の休息場所を作ってあげましょう。

寝場所は、季節ごとの温度や通気性に注意し、必要であれば毛布や冷却マットなども用意してあげましょう。また寝ているときも休息しているときも、人は干渉しないことが大事です。

●トイレをする（排泄行動）

犬は自分の居場所を清潔に保つ習性があるので寝床とトイレの場所は明確に分けます。子犬のうちにトイレシートなど特定の場所で排泄する習慣をつけます。子犬は足元が柔らかい場所で排泄したがるため、トイレのしつけが済むまでは、足ふきマットやタオル、クッションなどを床に置かないようにします。

トイレのしつけは、子犬のうちはおしっこをするタイミングがおおよそ決まっている（寝起き時、食事の後、水を飲んだ後、運動や遊んで興奮した後、特定の時間帯など）ので、それに合わせて補助してあげると、比較的容易にトイレを覚えてくれます。家のトイレでする習慣をつけておくと、散歩中や外出先での排泄の心配が減ります。

トイレ以外の場所で排泄してしまったときも、叱ったり大声をあげたりせずに、静かに処理しましょう。その場に少しでも匂いが残っていると、またそこで排泄してしまうので、排泄場所は洗剤を使って十分洗浄し、匂いを残さないようにします。

●身を守る（護身行動）

文字通り自分の身を守るための行動ですが、主には、気温など環境の変化に対して体を一定の状態に保つための行動をさします。

暑い日には日陰に入ったり、水に入ることもあり、寒い日には日向《ひなた》へ移動することもあります。犬は体表に汗腺がほとんどないので、発汗による体温調節ができず、口を開けて「ハーハー」と息をします。これは浅速呼吸といい、口内や気道から水分を蒸発させ、放熱によって体温を下げようとしているのです。

高温多湿の日本の夏を苦手とする犬種は多いので（例：パグ、シベリアン・ハスキーなど）、夏は気温だけでなく湿度にも要注意です。室内ではエアコンを適切に活用し、真夏に長時間留守番させる場合は、熱中症の危険を避けるために、エアコンをつけたままで出かけることも検討しましょう。散歩も日差しの強い時間帯はさけます。

●グルーミング（身づくろい行動）

犬は自分の舌や歯、前足や後足も利用して、毛づくろいなどからだを清潔に保つ行動（グルーミング）をします。しかし、犬自身のグルーミングだけでは被毛（からだの表面をおおう毛）を清潔に保つことは難しく、とくに長毛の犬種は人の手でブラッシングやトリミングを行う必要があります。定期的なシャンプーや耳掃除、歯磨きなども必要に応じて飼い主が行います。

なお、欲求不満など犬に強いストレスがあると、自身のからだを傷つけるほどの過剰なグルーミングを行ってしまうことがあるので、注意が必要です。

●確認する（探索行動）

見知らぬものや初めての場所に遭遇したとき、それがどんなものなのか確認する行動です。匂いを嗅ぐ、聞き耳を立てる、じっと見つめる、咬む、舐めるといった行動が見られ、とくに子犬のうちは、初めて見るものをなんでも咬んで確かめようとするので、誤飲の事故につながるものは置かないようにします。

遊び（遊戯行動）については前項でふれているので省きます。

散歩中のマーキングは習慣化させない

ここからは、他の個体との関係から生じる社会行動についてふれていきます。（88ページ表1参照）

犬が他の個体と一定の距離を保とうとしたり、群れの中である定まった位置を占めようとする行動を「社会空間行動」といい、マーキング（匂い付け）はその行動の一つです。

マーキングは「ここは自分のなわばりだ」と主張する行動で、主に尿をかけて行います。この尿には、フェロモンや種・性別・発情状態など個体ごとの識別情報が含まれているとされます。

マーキングはオスに顕著にみられ（頻度はメスの約30倍）、性成熟の度合いによって頻度も高まります。ちなみに、電柱や街路樹などに片足を上げてなるべく高い位置に尿をかけようとするのは、自分の存在を少しでも大きく見せようとするため。「大きくて強い犬のなわばりだぞ」とアピールしているつもりなのです。

メスの場合は発情時にマーキングの頻度が増えます。いずれも去勢・避妊手術によってマーキングの頻度を減らすことができますが、完全にしなくなるわけではありません。マーキングはほとんどが屋外でみられますが、室内でも、新しい家具を入れたり、他の動物を飼い始めたりすると、さかんにマーキングを行うことがあります。

ところで、一般の飼い主さんには、「犬の散歩中のマーキングは当たり前でしょ」という思い込みがあるようで、電柱や樹木への匂い嗅ぎとマーキングを、愛犬に好き放題にやらせている例が目立ちます。

しかし、公共の（とくに都市部での）マナーを考えると、匂いの強い尿をそこら中にかけて歩いていいはずがありません。マーキング後にペットボトルの水をかける程度では、匂いはほとんど消えません。

また都市部では同じエリアを多数の犬が散歩することが多く、匂い嗅ぎとマーキングが放置されてしまうと、〝なわばりの主張しあい〟でますますマーキングの度合いが増えたり、犬によっては散歩がストレスになってしまうケースもあるのです。

排泄はなるべく散歩前に済ませておき、散歩ではリードの操作で「匂い嗅ぎをさせ続けない」「マーキングを自由にさせない」などの管理をしながら、習慣化させないようにしましょう。

「奪われる」ことを犬は恐れる

野生の動物には、自分の獲物（食べ物）や交尾の相手、休息場所を獲得するための争いや、それを守るための行動がみられます。〝生きていくための資源〟を奪われないように、いざとなれば体を張って争う習性があるわけです。

そうしたさまざまな原因によって他の個体と争うことを「敵対行動」といい、威嚇、逃避、服従、攻撃といった行動が含まれます。

威嚇では、口を開き牙をむく、毛を逆立てる、相手をにらみつける、低い声で唸るなどの行動がみられます。

逃避は争いに至る前に相手から遠ざかり逃げること。

服従は、しっぽを股の間にはさんでその場で体を低くしたり（降参のポーズ）、寝転がってお腹を見せるなど、戦う意志のないことをポーズで相手に示します。

攻撃は実際には最後の手段で、犬同士の場合、一方の威嚇に対して他方が降参や服従の姿勢をとれば、それ以上の争いには発展しないのが普通です。

人に飼われる犬も、「奪われる」とか、居場所が「侵害される」という恐れを感じると、人に対して敵対行動をとることがあります。よくみられるのが、食事中に邪魔されたときや、お気に入りのおもちゃを取り上げられたとき、いつもの休息場所を誰かに占拠されそうになったときなどです。

犬は「奪われる」ことを本能的に恐れ、「なぜそんなことで？」と思うほど些細《ささい》なことにも反応することがあります。たとえば、食事中にちょっと食器を動かそうとしただけなのに、愛犬に唸り声を上げられてびっくりした、という経験のある方もいるでしょう。

敵対行動を招くのは、人が「食事や休息を邪魔しない」という原則を忘れて不適切な行為をしたり、何かを無理強いして犬に恐怖感を与えてしまった場合が多いです。首輪を持って強引に引っ張ったり、体罰的な行為をしてしまうと、犬は恐怖から自己防衛の行動をとります。ふだんの管理としては、次のことに注意しましょう。

●日常の管理の注意点

・食事中や休息中はいっさい干渉しないこと
・休息場所は人が邪魔しない専用の場所にすること
・食べ物をごほうびとして、手から食べ物を与えることに慣らすこと
・おもちゃやコング類を無理に取り上げないこと
・ふだんからスキンシップを多くし、体をさわられることに慣らすこと
・体罰や無理な拘束（強引に捕まえるなど）は絶対にしないこと

初対面ではまず匂いでチェックしあう

犬が初めて別の個体と出会うと、視覚・嗅覚・聴覚をフルに使って相手が何者かを知ろうとします。挨拶の前段階として、相手がどんな個体か確認しあう行動を「社会探査行動」といいます。

危険はなさそうだと判断すると、接近し、互いを確認しあうためにまず匂いを嗅ぎあいます。初めはやや緊張したまま耳や鼻の匂いを嗅ぎあうことが多いです。鼻と鼻がくっつくようにすると、いわば「こんにちは」の挨拶が成立しますが、まだ緊張が抜けないので背中の毛が逆立ってしまう犬もいます。

相性が悪い犬同士では、目線を合わせただけで威嚇しあったり、最初の匂い嗅ぎのときに喧嘩腰《けんかごし》になってしまうことがあります。

相性がよい場合は、目線や顔をそらすことで敵意がないことを相手に知らせ、さらに発展すると、お互いの陰部や肛門の匂いを嗅ぎあいながらぐるぐると回り始めます。陰部や肛門には臭腺《しゅうせん》が集中し、犬ごとに匂いは異なるため、相手がどんな犬なのかを知るにはお尻周辺の匂いを嗅ぐのがいちばんいいのです。

ひと通り互いの情報交換がすむと、遊びに誘う姿勢（上体を下げて腰を上げ、しっぽをさかんに振る）をとり、早速遊び始めることもあります。

犬同士が親しみあう行動は「親和行動」といい、互いに匂いを嗅ぎあったり、舌でグルーミングをしあったり、じゃれあうという行為がみられます。

もちろん飼い主に対しても積極的にみられ、体ごとじゃれついてきたり、飼い主の手や顔をペロペロなめるといった行動があります。

顔をなめるのはまさに親愛の行為なのですが、人の口までなめることが多いので、これは衛生面を考えると習慣にさせないほうがいいでしょう。

子育て中の母犬は、子犬が生後2～3週齢になると、未消化の食事を吐き戻して離乳食として子犬に与えます。子犬はお腹が減ると、母犬の口元をさかんになめておねだりをするようになります。この行動が成長してからも残り、仲のいい犬や人への挨拶行動として顔や口をなめるようになるのです。

人も犬も出会いに「いきなり」は禁物

初めて出会う人に対しても、犬は匂いを嗅いで確認します。

初対面でいきなり「かわいいねー」と犬の体をなでようとする人がいますが、これは禁物です。まず犬と対面したら姿勢を低くして、手の甲を下方に軽く差し出して、犬が匂いをチェックできるようにしてあげましょう。

飼い犬でも、すべての犬が人懐こいわけではないし、知らない人に体をさわられることに恐怖を覚える犬もいます。急に顔の前に手を突き出してしまうと、反射的にガブリとやられてしまうこともあるので注意が必要です。

散歩中などの初めての出会いという前提で、「愛犬と他の犬との挨拶」「愛犬と初対面の人との挨拶」「初対面の犬とあなたの挨拶」に分けて、対面時の一般的な注意点をあげておきます。

●愛犬が他の犬と挨拶するとき

・必ず飼い主さんに挨拶の許可をとる

・リードから手を離さず、ゆっくり相手の犬に接近させる

・挨拶する間、犬の反応から目を離さない。威嚇や攻撃の気配・恐れやストレス反応が見えたらすぐリードを引いて相手から離し、落ち着かせる

・相手の犬が苦手そうな反応をしたり、相性の悪さが見てとれるときは、すぐ挨拶をやめて離れる

●愛犬が初対面の人と挨拶するとき

・愛犬が人好きな場合、飛びつかせないようリードをしっかり持つ

・愛犬が人見知りしたり他人が苦手な場合、無理に挨拶はさせない。ごほうびのおやつをあげてもらうなどして、愛犬をまず安心させて様子を見る

●あなたが初対面の犬に挨拶するとき

・必ず飼い主さんに挨拶の許可をとる
・犬の正面から急に近づかない
・犬の目を覗き込まない・目をじっと見ない
・低い姿勢でまず手の甲の匂いを嗅がせる
・急にさわらない・無理にさわらない

動物というのは凝視されるのが苦手で、じっと見つめ返してくるのは「敵対」と受け取ります。初めて犬と会うときは、目を凝視せず、目線はそらして接近するのが基本。あなたに安心感を持つようになれば、犬のほうからあなたの目を見てくるようになります。

愛犬には、犬に対しても人に対してもすぐ無防備に近づくのではなく、飼い主の指示で挨拶できるように練習させましょう。人好きな犬の場合は、いちいち挨拶をしないで、そのまますれ違うこともできるように練習しましょう。いずれも、実地に何度か対面・挨拶の場を経験させながら、練習を重ねていくことが必要です。

「うちの犬は誰とでもフレンドリーなので、好きにさせている」という飼い主さんもいますが、相手がいることなので、あなたの愛犬がどのような受け止め方をされるかわかりません。挨拶前の「ひと言確認」は忘れないようにしてください。

犬のしつけより大事なのは〝人間のモラル〟

街中での犬の散歩の様子を見ていて、よく感じるのは、飼い主さんにはしつけ以前の「管理」の意識をもっと高めてほしいということです。

たとえば、リードの持ち方。他にも歩行者がいるような公共の場所では、散歩中はリードを短く持つのが基本です。最近は伸縮式（フレキシブル）リードを利用する人が増えていますが、街中でもこれを長く伸ばして平気で犬を歩かせている人がいます。街路樹にマーキングしたり、植え込みに入って行ったりしてもそのままにさせています。

犬にとっては好きなように歩けるので気分がいいでしょう。でもこれでは、「飼い主の管理意識が低すぎる」と僕は思うのです。伸縮式のリードは、公共の場所では短くロックしておき、広くて誰もいない場所に来たらリードを伸ばしてあげる。それが正しい使い方です。

街中では、急に前方から大きな犬が道を曲がってやって来たり、愛犬がお年寄りに近づいていき、驚いたお年寄りが転んでケガをしてしまう可能性だってあります。公共の場では、人は犬をきちんと管理する責任があり、これはしつけ以前の問題なのです。

自分が見てきた限りでは、都会の飼い主さんたちはまだまだその意識が低く、愛犬の勝手なふるまいを容認しすぎる傾向があると感じます。

「いや、自分はなるべく犬にのびのび散歩させたいので、リードは短くしたくない」という方は、都会での飼育はやめて、広々とした郊外の、誰も住んでいないような土地で犬を飼うべきなのです。またこういう方に限って、散歩中の愛犬のおしっこやうんちの始末もおろそかだったりするのです。

犬は行動のよしあしを自分では判断できませんから、求められるのは「人間のモラル」なのです。

何か他人に迷惑がかかるような問題が起きたとき、飼い主が「犬がやることだから大目に見てやってよ」などと言うのは、非常にずるい言い訳だし、社会で犬を飼うことの認識が甘すぎると思います。

犬好きの飼い主さん同士でも、何かあったときは「犬が悪いのではなく、飼い主のあなたの責任ですよ」とはっきり伝えることが大事です。

ドッグランでのトラブルを防ぐには

マンション住まいなどで、遊べる庭もない都会生活の犬にとって、思い切り走り回れるドッグランはありがたい場所です。リードを外してのびのび過ごせる場所は、愛犬の運動不足やストレスの解消にもってこいです。

しかし残念なことに、ドッグランでトラブルが起きる事例も少なくありません。

ふだんおとなしい犬でも、解放的な広いスペースに出ると興奮しがちになり、他の犬との接触で思いがけない行動に出ることがあります。

知り合いの飼い主さんたちからも、「いつもはおとなしいうちの犬が、小型犬を追いかけ回して〝狩り〟を始めてしまい、慌てて取り押さえた」といった話を聞くこともあります。

自由に遊べる場所であるはずのドッグランも、じつは油断はできないのです。

ドッグランは、スペースの規模も使用規則も場所によりさまざまですが、どんなドッグランにも、いろいろなタイプの犬がいて、いろいろなタイプの飼い主さんがいます。つまり、そこで出会う犬たちが、どんな性格でどの程度のしつけがされているか、わからないわけです。

複数の犬で共有するドッグランは、たとえば、人の3～4歳の幼児たちに開放された遊戯スペースのようなものです。

幼児たちがわあわあ喜んで遊んでいるそばで、お母さんたちは子どもをほったらかしでおしゃべりに夢中になっています。幼児の中には当然、ルールなどおかまいなしで好き放題にあばれる子もいます。親がみんな目を離していたら、何かトラブルが起きてしまうのは時間の問題と言えるでしょう。

それと似たような状況になりがちなのが、現在のドッグランなのです。

常連さんたちは、犬同士もフレンドリーな関係になっているので仲良しグループを作り、新参者は入り込みづらいというケースもあります。もちろん管理者や常連さんたちがしっかりしていて、気持ちよく利用できるドッグランもありますが、一般の実情を見聞きしていると、利用するには十分注意が必要だと思います。

ドッグランで絶対にトラブルに遭わない、そしてトラブルを起こさないためには、「ドッグランの利用は控える」という選択がじつはいちばん確実なのです。

それでもどうしても愛犬にのびのび遊ばせたいという飼い主さんは、料金はかさみますが単独の貸し切り（時間貸し）で利用できるところや、しっかりとした管理者がいるところを探して行くのが賢明です。

初めて一般のドッグランを利用するときは、次の注意点を守るようにしましょう。

●事前に外から観察してみる

小型犬・中型犬・大型犬などのスペースがちゃんと分けられているか、どんな飼い主さんたちが来ているか（常連組が独占していたりしないか）。また、愛犬を連れて柵の周囲を歩いてみて、愛犬がどんな反応を示すか見ておくことも大事です。

●他の犬とふれあうときは目を離さない

ドッグランで他の犬と出会うことは、家の近所でなじみの犬と会うこととはまったく別です。フレンドリーなはずの愛犬がふだんでは考えられない反応を示すこともあります。すぐにはリードを外さず、愛犬の反応（とくに入場時、他犬との挨拶時）をよく見て、なるべく落ち着いた状態を維持させましょう。

●運動ができればよしとする

他の犬とのふれあいがうまくできなくても、「愛犬がのびのびと運動できたらよし」としましょう。

せっかくドッグランへ来ても雰囲気になじめず、飼い主さんと離れない犬もいますが、それは飼い主への信頼のあかしとも言えるのです。「ほかの犬とも仲良くしてほしい」というのは人間側の勝手で、犬は相手が気に入れば仲良くするだろうし、ウマが合わなければ飼い主と遊んでいたほうが楽しいのです。犬同士の交流を無理に望まず、まずは愛犬と楽しく遊んであげましょう。

人も犬も簡単には仲良くなれない

犬の散歩で顔なじみになって、犬同士も仲良くなり、飼い主さん同士も親しくなる例はよくありますね。身近に犬好きな知り合いができると楽しいですし、さまざまな情報交換にも役立ちます。

都会では、散歩コースの公園やドッグランで知り合った愛犬家たちが集まってオフ会をやったり、ドッグカフェなどを借り切って交流するということも、一部ではさかんなようです。そういう場が好きな方には、楽しいイベントとなるでしょう。

しかし（こんなことを言うと反発をくうかもしれませんが）、犬も人も、みんながみんな仲良くなれるものではないし、仲良くなる必要もないのです。

大勢の他人や他の犬と同じ場所にいるのが苦手な犬もいます。人も犬も個性はいろいろで、簡単には仲良くなれないものです。

ところが、生活の大半が犬のこと中心に回っているような、根っからの愛犬家さんたちには、「犬が好きなら、飼い主同士も犬同士も仲良くすべきだ」という考えを持つ方が多いのです。同じ地域の愛犬家たちをまとめて、サークルやコミュニティのような活動をしたがる方もいます。

それを悪いとは言いませんが、そういうコアな愛犬家さんの中には、犬のしつけについても〝自分たちの常識〟や〝流儀〟で押し通そうとする方もなかにはいらっしゃるのです。またそれは、第一章でふれたような時代遅れのしつけ法が多かったりもします。

犬好きさん同士が仲良くなるのはけっこうなことで、愛犬も喜ぶならそれでいいのです。ただし、「自分はそういう場には向かない」という方は、無理する必要はありません。周囲の犬好きさんたちに合わせようとすると、何か窮屈な思いをすることもあると思います。

愛犬との生活は、もっと自由に、気楽に、人それぞれの楽しみ方をすればいいと思います。

第3章 犬にウケるしつけを始めよう——楽しくかしこく管理するには

しつけは「やさしさと自身へのきびしさ」で

愛犬にはできるだけやさしく接してあげたい、できるだけ自由にさせてあげたい。犬好きな人の多くはそう考えているものです。

しかし、人間の社会で共に生きていくには、ある程度人間社会のルールに合わせなければなりません。吠えたり、物をかじったり、好きなものに飛びついたりという行為は、犬にとっては自然な当たり前の行動でも、人間社会ではほとんどの場合、迷惑な困った行動とされてしまいます。

飼い主が「自由にのびのびとさせてあげたい」と思っていても、周りの人間に敬遠され迷惑がられるようでは、けっして犬は幸せにはなれないのです。

そこで必要になるのが「しつけ」です。

犬のしつけとは、人との共生が円滑になるような望ましい行動を学習させること。言い換えれば、人と犬が快適に過ごすための行動のマナーを教えることです。

昔は犬のしつけといえば、「飼い主に服従させる」とか「人が上位に立ち、言うことをきかせる」ことを意味していました。犬を叱りつけ、威圧しながら、「飼い主の意のままにコントロールすること」がしつけであるように考えられていました。

それはもう昭和で終わった古い考え方です。犬たちにもまったくウケません。

いまは、犬の習性を理解し尊重しながら、飼い主にとっても望ましい行動を習慣化させることと、人にとって望ましい行動を「ほめてしつける」ことが家庭犬のしつけの主流です。

それはトレンドが変わったというようなことでなく、ペットへの考え方が変わり、飼い犬を家族の一員のように考える人が増えたことが背景にあります。そしてペットに対しても、「健康で幸せに生きるという〝動物の福祉〟を重視する」という社会認識の変化があることも忘れてはなりません。

「健康」といえば、まずは身体面のことを思い浮かべるかと思いますが、ＷＨＯ憲章では、「健康とは、肉体的、精神的及び社会的に完全に良好な状態であり、単に疾病又は病弱の存在しないことではない」というように定義しています。

人が健康で幸せに生きていくには、ただ病気や体の不調がなければいいというものではなく、肉体的にも精神的にも、さらには他人や社会との関係性も健全に築かれ、すべてが良好な状態にあってこそ健康な生き方ができます。これは共に生きていく犬も同じで、犬が健康に暮らしていくためにも、社会に受け入れられ良好な関係が築けるように、飼い主がしつけをする必要があります。

ただし、「犬を尊重する」「ほめてしつける」といっても、犬がしたいことを何でも容認したり、ただやさしくほめことばをかけたりするだけでは、しつけはできません。大事なのは「やさしさときびしさ」のメリハリをもって接することです。

飼い主さんたちを見ていると、やさしさと甘やかすことを混同している方がけっこう多いのです。犬は人間社会のモラルやルールを知らないし、関心もないのですから、甘やかして犬がやりたいことを容認しすぎてしまえば、周りの人たちが困るのは必然です。また、いくらほめてあげていても、人間側の都合ばかりを優先していては、犬はストレスを感じてしまいます。

人の子育てを考えてもらえばよくわかるのですが、わが子がかわいいからといって溺愛し甘やかすだけだったり、親にとって望ましいことばかりをほめるような育て方は、けっして本人のためにはならず、子も幸せにはなれません。

愛犬をかわいいと感じるなら、飼い主は自分にもきびしさを課す必要があります。安易な妥協をせず、また無理なことを望まずにです。さまざまな状況において、具体的にどのような行動が望ましいのか、どのように行動すれば人の社会で受け入れられるのか。それを学習させるには、飼い主自身が一貫性をもって、自分に対するきびしさをもって愛犬に接していく必要があります。

力で制圧するしつけはいらない

この「きびしさ」について補足しておくと、「きびしさ」イコール「愛犬への威圧や強圧的な支配」ととらえてしまう方がいます。

そうではなく、しつけをするときは、やさしさに偏らずに毅然《きぜん》とした態度を保ち、〝甘やかさずに一貫した対応を続けるためのきびしさを飼い主自身がもって行う〟ということです。

しつけとは、「繰り返し続けること」です。何度も練習し身につけることで、頭で考えて行動するのではなく自然とその行動が生じるようになって初めてしつけが成功したと言えます。覚えるまでは、根気強く何度も繰り返しトレーニングする必要がありますが、できないから叱るのではなく、「できたらほめる」「できるまで愛犬に付きあう」という姿勢が大事です。

家庭犬のしつけには、人が上位に立ち、犬を威圧し服従させようとする考え方は要りません。警察犬や軍用犬に行うような、絶対服従のための「服従訓練」をするわけではないので、威圧や強圧的な態度は不要です。それではかえって犬と飼い主の関係性を悪くしてしまいます。

軍隊のようなきびしいしつけは、体罰的なことまで容認してしまう危険性を含んでいます。言うまでもなく、飼い犬への体罰や虐待は絶対に許されません。

いつも叱りつけて犬を怯えさせたり、体罰まがいの強圧的態度で飼い犬に接する暮らしは、犬にとっても人間にとっても楽しいはずがありません。不健全だし、なにより犬の福祉を損なうことになります。

みなさんは、次の「5つの自由」という動物の福祉基準をご存じでしょうか。

「5つの自由」
1 飢えと渇きからの自由
2 肉体的苦痛と不快からの自由
3 外傷や疾病からの自由
4 恐怖や不安からの自由
5 正常な行動を表現する自由

これは、1993年にRSPCA（英国王立動物虐待防止協会）が、〝人間が飼育管理するすべての動物に対して保証すべき基準〟として提唱したもので、現在では動物福祉の国際基準として世界中に定着し、各国の法令にも反映されています。
ペットや家畜など動物を飼育する者は、これら5つの自由を損なうことのないように飼育環境を整え、動物が肉体的にも精神的にも健康で幸せに生きられるように配慮しようということです。

　このうちの「恐怖や不安からの自由」は、恐怖や不安をもたらす精神的苦痛や多大なストレスから解放される自由があること。きびしさを威圧や強圧的態度ととり違えてしまうと、その自由を奪うことになりかねないのです。

飼い主がしつけで心得ておくべきこと

　犬を飼い始めて、これからしつけを始めるという場合の、基本的な心得についてあげておきます。

①一貫性のある接し方をする
　飼い主の気分によって接し方が変わってしまうと、犬は混乱します。機嫌のいいときは愛情いっぱいに接してくれるのに、機嫌の悪いときはすぐ叱られ、忙しいときは相手もしてくれないなど、一貫性のない対応をされると、犬は飼い主への信頼がもてず、飼

い主の顔色ばかりうかがうようになってしまいます。

前述したように、しつけとは繰り返し続けることで習慣化させることが大切です。飼い主自身が感情に左右されず一貫性をもった接し方を心がけてください。

②家族の中でルールを統一する

家族がいる場合は、しつけのルールについては全員で共有し、統一しておくことが大事。たとえば、家族の食事中にごはんをもらおうとする愛犬に対し、奥さんは「ノー」と言っているのにご主人は「いいよ」と言っていては、犬は混乱し、どう行動するのがいいのかわからなくなります。家族で話し合って、ルールの統一をしておきましょう。

③「べき思考」を捨てる

いくら人の社会で求められるルールだからといっても、犬によってはそのルールに合わせた行動がなかなかとれなかったり、犬種によってはそもそも日本の環境で生活することが適していないこともあります。また、ふだんできることでも、そのときの体調や状況によってできなくなることは、生き物にとって当然なことです。しつけのためとはいえ、「〜すべきである」、「〜しなければならない」という頑なな考えに縛られないようにして、状況に応じた柔軟な対応がとれるように心に余裕を持ちましょう。

④犬にとって楽しい存在になる

犬は遊んだりほめてもらうことがとても好きな動物です。一緒にいる飼い主が遊びを楽しんでくれたり、よいことをしたとき喜んでほめてくれれば、飼い主への期待感や信頼感、安心感を抱くようになります。しつけをする際も、犬が喜ぶことを重視して、犬のモチベーション（やる気）を高める方向に導きましょう。

⑤犬の特徴・個性に合わせたしつけ方を

犬は犬種ごとに特徴や性格が異なり、また個体ごとの個性もあります。犬を飼う際は、自分の生活スタイルや犬との生活に求めるものを明確にし、その目的に合う犬種を選ぶようにしましょう。犬種について事前に知識を得ておくことは重要です。もし身近に希望する犬種を飼っている飼い主さんがいれば、直接話を伺って、飼い方やしつけ方の参考にしましょう。また同じ犬種でも個体ごとに個性があるため、それぞれの個性を受け入れながら、しつけに反映させる柔軟性も必要です。

⑥「ダメ」で教えず「してほしい行動」をほめる

しつけを始めたばかりの時期に、叱ってばかりいる飼い主さんをよく見かけます。思ったような行動をしてくれないと、「ダメ！」「それしないの！」などいちいち怒ってしまうのです。それでは犬は「飼い主といると叱られてばかりだ」という印象を持ち、始終不安で落ち着かない犬になってしまいます。

「やめてほしいこと」ばかり考えるのではなく、「望ましいこと」を一番に考え、その状況ごとにどう行動すればよいのかを愛犬に覚えてもらうことです。「してほしい行動」に対してほめることを意識しましょう。

⑦「ほめことば」と「ごほうび」を結びつける

ほめことばは、〝ごほうびが出てくる合図〟と教えておくとほめことばの効果がさらに増します。食事を与える前に、「ほめことば→ドッグフードを一粒あげる」を10回繰り返して行ってから食事を与えるように毎日習慣づければ、ほめことばの効果がさらにアップします。ほめことばは一つに決めておく（「いい子だ」「オーケー」「いいよ」「グッド」など）ことも大事です。愛犬が混乱しないよう、わかりやすい指示と明確な意思表示を心がけ、家族で統一したほめことばを決めましょう。

しつけは上下関係より信頼関係で

しつけをする際に最も大事なのは、犬と飼い主の信頼関係です。

前章でも述べましたが、犬にとっての最大のごほうびは、「本能的欲求が満たされ、安心して生活できること」です。飼い主が欲求の期待に応えてくれ、安心感に満たされると、犬の幸せホルモン＝オキシトシンの分泌が上昇します。

そして飼い主への注目の度合いが増え、犬に見つめられることが多くなった飼い主も、オキシトシンが上昇することで愛犬との関係への安心感や幸福感が増していきます。

上下関係や主従関係にこだわるのは無意味ですし、そんな関係をつくる必要もありません。

基本的なことを言うと、飼い主を信頼すれば、犬は飼い主の言うことをきくようになります。信頼関係ができれば、しつけはそれほど難しいことではないのです。

信頼を築くには、さまざまな場面での愛犬の不安を解消してあげることが大事になります。ところが、外で他の犬や見知らぬ人と遭遇して、犬が不安のために吠えてしまったようなときに、「大丈夫だよ」と声かけするだけの飼い主さんをよく見かけます。でも犬にとっては、ことばだけかけられてもその意味は理解できないし、安全な状況かどうかまでわかりません。そうなると自分で安全を確保しなければならないので、さらに吠えるという行動をとってしまうのです。

犬が不安を感じていたら、声かけだけでなく、まずはごほうびをあげる・遊んであげるなどすることで、犬の気持ちを紛らわせてやることが大事なのです。

その際、「おすわり」などの指示に従ってからごほうびを与えようとする飼い主さんがいますが、ここで用いるごほうびは、気を紛らわせるためのごほうびなので、指示を出す必要はありません。

幼児、とくに3歳以下の子どもが出先でぐずってしまったとき、「おとなしくしていられたらごほうびね」と言ってもなかなか理解することは難しく、多くの親御さんはおもちゃやお菓子、最近ではスマホの動画などを見せて気を紛らわせると思います。精神年齢が人の2~3歳児程度といわれる犬も同じなのです。まずは犬の気持ちをくんであげ、不安を紛らわせ、安心感を与えてあげることです。

「飼い主への注目」こそ信頼のあかし

人と犬の信頼関係において重要なのは、犬が不安を感じたとき、飼い主に注目するかどうかです。

刷り込み（初期の行動学習）の研究でノーベル賞を受賞した著名な動物行動学者コン

ラート・ローレンツ博士は、人と犬の関係で「いちばん重要なことは飼い主に注目すること」と言っています。

たとえば、散歩に出て、初めて通る交通量の多い道に出たときなど、愛犬があなたの顔を見るなら、それは信頼のあかしです。飼い主を見る、顔を見る。「飼い主への注目の度合い」が、愛犬のあなたへの信頼度のバロメーターになります。

犬は、不安を解消してくれ、安心を与えてくれる相手に信頼感を抱きます。そして信頼感を抱くのは、次のような存在に対してです。

「安心させてくれる」「ほめて喜んでくれる」「欲求を満たしてくれる」「遊んでくれる」「愛情が伝わってくる」。つまりは、「この人といれば安心だし、楽しいことが起こる」と感じさせる存在になることです。

飼い主がその信頼に応え続けることで、信頼は愛情となり、心がつながることで飼い主の悩みも減っていきます。多くの問題行動は不安から生じるので、飼い主が信頼される存在になれば問題行動も減ります。

信頼関係はしつけの第一歩です。愛犬とのハッピーな暮らしを実現するためにも、主従関係よりも信頼関係・愛情関係を作り出すことを目指しましょう。

しつけ以前に「管理」の意識を忘れずに

これまで述べてきたことに加え、日本ではしつけ以前の「管理」の意識が低すぎることも問題です。

犬との共生の歴史の長いヨーロッパでは、犬を愛し、家族同様に扱っていても、「動物なのだから」というある一線を引いています。

たとえば公共の場では、何か突発的なことが起きることも想定し、「動物なのだから何をするかわからない」という危機管理の意識は必ず残しています。それは裏を返せば、「動物なのだから、好き勝手にさせず責任を持って管理する」という意識が浸透しているということです。

ところが日本では、犬を溺愛するあまり「管理」の意識が抜けてしまう飼い主さんが少なくありません。

リードなしで散歩させる人は、さすがに最近は見なくなりましたが、伸縮性のあるリードを伸ばしながら散歩をする人を見かけます。飼い主は、「うちのワンちゃんは呼べば必ず戻ってくるから大丈夫」と平然としていたりしますが、何かことが起こってしまってからでは取り返しがつきません。

実際に、飼い犬による咬みつき（咬傷《こうしょう》事故）などのトラブルは、リードなしで外を歩かせていたり、飼い主がリードを放してしまったときに発生することが圧倒的に多いのです。

もう一つ、管理の意識の低さについて言えば、犬を飼い始めてから、「犬との生活がこんなに大変だとは思わなかった」と言う人がいまだに多いことに驚かされます。

犬を飼うことは、室内で猫や小動物を飼うことと違って、社会的に要求されることが格段に多いのです。とくに都会では、周囲に迷惑をかけないことは大前提です。犬を飼えば、必然的に犬を介して社会と接触を持つことになります。その覚悟が抜けたまま犬を飼い始めるのは、どう考えても無理があるのです。

むやみに吠えさせない、公共の場に排泄物を残さない、散歩中はリードを放さないなど、最低限の管理意識を持てない人は、犬を飼う資格はないと言わざるを得ません。

しつけ以前に心得てほしいのは、飼い主側が「放任」の精神を捨て、「管理意識」を持つことなのです。

しつけの基本的な考え方

犬のしつけというと、「おすわり」「伏せ」といった、人の指示で行動をコントロールすることをイメージする人がいまだに多いかもしれません。しかし、犬をしつけることの目的は、「人間の社会で共に生きていくために望ましいふるまいを犬に教育すること」なので、飼い主の指示でコントロールするだけでなく、犬が自発的に望ましい行動をとれるように導いてあげることが大切です。

もちろん、暮らしの中で犬をコントロールしなければならない場面も必ず出てきますから、飼い主の指示（コマンド）によって適切な行動をとる練習（コマンド・トレーニング）も必要となります。しつけは、一度学習させたら、それを持続させ、習慣化させなければ意味がありません。そのために、しつけとは根気強く繰り返し行うものだと認識してください。

さらに、飼い主さんはトレーニングの仕方をただマニュアル的に覚えるのではなく、愛犬の個性や飼育環境を考慮した適切なやり方を、飼い主自身で身につける必要があります。犬の飼い方やしつけ方の本の内容は、どんな犬にもそのまま通用するわけではなく、個性と環境に応じて、臨機応変に対応しなければなりません。その点を忘れてしまうと、「うちの犬は何度やっても覚えてくれない」「トレーニング方法が間違っているのではないか」という疑問が出やすくなります。本に書かれたことをそのまま鵜呑《うの》みにするのでなく、柔軟に応用ができなければ、既存の飼い方の本やマニュアルに違和感を覚えてしまうのは、ある程度仕方のないことなのです。

それを踏まえた上で、ここからは、「犬の習性に配慮したしつけ方」、「犬のモチベーションを高めるコマンド・トレーニングのやり方」、「異なる環境でもしつけを有効にする方法」などについて紹介していきます。

犬の習性に配慮したしつけ方

犬は1万5千年以上もの間、人の社会に適応し生活を共にしてきました。人が犬の習性を理解し、適切な環境設定や接し方、日頃の飼い方に配慮をすれば、犬は自然と人にとって望ましいふるまいをしてくれます。とくに子犬の頃は、まだ何も学習をしていない白紙の状態なので、子犬時期（生後6か月未満までの時期）の習性を理解しながら上手に導いてあげれば、どんどん望ましい行動を学習してくれます。

●子犬のトイレのしつけ

子犬を飼う方のお悩みとしてあがりやすいトイレのしつけを例にとってみます。飼い主が排泄行動をきちんと理解して適切な環境づくりと対応をすれば、トイレの仕方は日常の中で自然と覚えてくれます。

犬は一般に、自分の寝床を汚さないように〝寝床から離れた場所で排泄をする〟習性があります。子犬を飼っている人には、ケージやサークルの中にベッドとトイレトレーを設置している例も多いのですが、寝床とトイレが物理的に離されていないと子犬は混乱をきたしやすく、トイレの失敗が増えたり、サークル全体を寝床と認識してしまうために、サークル内では排泄をしたがらなくなることがあります。

こうした場合、サークル内ではベッドではなくクレートといわれる犬のハウスを用いることが望ましいです。クレートは、車などの移動や外出先で犬の休息場所、災害時などの同行避難の際に活用できるため、子犬の頃から犬のハウスとして利用して習慣づけるといいでしょう。

また、猫ほどではないものの、土の上など柔らかいところで排泄をする習性があります。トイレのしつけが完全ではない子犬は、部屋に出したとき、床がカーペットだったり、足ふきマットやクッションなどが置いてあったりすると、その感触で排泄が促されたりします。トイレのしつけが完了するまでは、床に柔らかいものを置かない・敷かないということに留意してください。

排泄の匂いが残っている場所で再び排泄をする習性もあるため、一度トイレを失敗した場所は、匂いを完全に消し去る必要があります。犬の嗅覚は人の数万倍～1億倍もあるので、水洗いや消臭スプレーなどをかけるだけでは匂いを消すことはまず無理です。匂いの完全な除去には洗剤や界面活性剤が入っている専用の洗浄剤で洗う必要があります。カーペットなどは洗浄することが難しいため、撥水性《はっすい》のある素材のものを床に用いるなどの工夫が必要です。

子犬の時期に排尿を我慢できる時間は、「月齢＋1時間」程度とされています。飼い主の就寝時や外出時などは、子犬が自発的に排泄できる環境を与えなければならないため、①クレートとトイレをサークルで囲った環境を用意する。②トイレ失敗の予防と安全管理のため、ゲートなどを用いて行動範囲を制限する。③飼い主が見ていられない時間はサークルの中に入れておく。など、ある程度行動の制限をすることで失敗を予防できるようになります。

また、子犬が排泄をもよおすタイミングは、一般に「ごはんを食べた後や水を飲んだ後」「寝起き」「運動（興奮）した後」「おおよその決まった時間帯」が多くなります。これらのタイミングに排泄を済ませてから部屋に出すようにすることで、失敗を予防することができます。

かつては、排泄を失敗したらすぐ叱るのがしつけだ、などと言われてきました。しかし犬には排泄の失敗が悪いことだとは認識できず、叱られるたびに飼い主への恐怖感をつのらせてしまいます。すると飼い主の見えない場所で排泄するようになるなど、さらに問題行動を助長してしまいます。失敗を見つけたら、叱ったりせず、淡々と後始末をするように心がけましょう。

また、「うちの犬はいやがらせのためにわざと排泄を失敗している」などと考えるのもナンセンスです。犬は、人間のように排泄物を不快なものとか汚いものとはみなしていないので、排泄物をいやがらせに使うなどという発想もあり得ないのです。

習性を理解しないまま、できたらほめて、失敗すれば叱るといった対応をしていては、なかなかトイレのしつけを覚えてくれません。ほめることよりも大切なのは、犬が自然と望ましい場所で排泄できるように環境を整えてあげることです。

●クレートを寝床とするしつけ

ハウスに関しても、犬の休息行動の習性に配慮すれば、自然とクレートを心地よい寝床として認識してくれます。

もともと巣穴で生活していた犬は、静かで薄暗く囲われたような場所を寝床に好む習性があり、室内でもテーブルやソファの下で休息するのを好む犬も多いです。格子状のサークルやケージ内が寝床だと外が丸見えで落ち着かないため、クレートのような囲われたものを寝床として提供したほうが、犬は安心して休息することができます。

また、柔らかい場所で寝ることを好むため、室内犬の場合、ソファやベッド、クッションなどを寝床として好みます。外飼いの犬は前足で土を掘り起こし、柔らかくして寝床をつくることがありますが、室内犬がクッションを前足で掘ったりするのは、この寝床づくりの行動に由来しています。犬用ベッドなどはそのまま寝床として置いておくのではなく、クレートの中に入れてあげれば、犬はいっそうクレートの中を居心地よく感じるようになります。

クレートを寝床に利用する飼い主さんも最近は増えてきましたが、子犬が成長するにつれてクレートに入らなくなってしまったという声も多く聞きます。

一般的なクレートの適切な大きさは、「立った状態で頭が天井につかない高さ（余裕を持つなら＋5センチ程度の高さ）」と「鼻先からしっぽの付け根までの奥行（余裕を持つなら＋5センチ程度の奥行）」を確保するのが目安です。これより小さいと犬は圧迫感を感じて入らなくなってしまいます。成長期の場合、クレートを適切な大きさに変えるだけで、犬は自発的に好んでクレートに入るようになります。

しつけで重要なのは、犬の習性（本能的に持っている行動の特性）を理解し、どのように導けば、犬の本能的行動が人にも望ましい形で表現できるのかを考えることです。習性を考慮せず、人の都合ばかりを押し付けてしまえば、いくらほめて教えようとしたところで、犬にとっては大きなストレスなのです。

楽しさを共有する「ほめるしつけ」の原理

犬に何かの行動を覚えさせる過程には、「いいことが起こる」から覚える、「悪いことをさけたい」から覚える、という二通りがあります。

「いいことが起こる」から覚えるのは、行動が、楽しいこと・嬉しいことと結びついていくポジティブな学習で、「正の強化」と呼ばれ、いわゆるほめるしつけやコマンド・トレーニングの原理となります。

また、「悪いことをさけたい」から覚えるのは、いやなこと・怖いことと結びつくネガティブ要素の強い学習で、「負の強化」と呼ばれ、いわゆる上下関係を維持するために用いられてきたしつけやトレーニングの原理となります。

もちろん、みなさんに覚えていただきたいのは、「正の強化」を中心とした、楽しみながらできるしつけです。

飼い主が「ダメ！」を連発したり、叱りつけてばかりいるネガティブ要素だらけのしつけより、「よくできたね」「いい子だね」とほめられてごほうびがもらえるしつけのほうが、犬も人も断然楽しいのです。飼い主が楽しければ、愛犬も楽しさを共有します。楽しいしつけは愛犬にもウケるしつけなのです。

「正の強化」は、ある行動をすることで犬にとっていいこと・嬉しいことが起こることで学習させるやり方です。ある行動をする→よい結果が得られる（ごほうびをもらう）→ある行動を繰り返すようになる、という流れで行動が強化されて（増えて）いきます。

単純な例を示すと……

「おすわり」の指示で腰を床におろすと、
←
飼い主がほめてくれて、ごほうびがもらえる（おやつを食べられる）。

というポジティブなこと（いいこと・快刺激）で強化されるしつけです。

一方の「負の強化」は、これも単純化して例をあげると……

「おすわり」の指示で、何もしないでいると叱られ、腰を床に押さえつけられる。
←
押さえつけられるのがいやで、「おすわり」と聞くと自分で腰をおろすようになる。

という具合に、ネガティブないやなことをさけたくて覚えるしつけになります。

極端になると、力ずくの制圧や体罰などの苦痛から逃れたいから覚えるといった、犬には可哀想なことが起こります。

もう一つネガティブな例として、たとえば、インターホンが鳴るとすぐ吠えることを覚えてしまった犬（仮にAちゃん）を例にとってみます。

Aちゃんは以前ちょっと怖い思いをしたことから、来客が苦手です。

↓

インターホンは、来客（＝外部からの侵入者）の合図だというのを知っています。

↓

来客は自分のなわばりを侵害するいやな相手で、

Aちゃんはいやなことをさけたくて懸命に吠えてしまいます。

吠えているうちに、家族が不在のときはインターホンがやみ、
↓
家族が在宅でも、配達員などは吠えているうちに用をすませて帰っていきます。
↓
Aちゃんは、自分が吠えたことで来客を追い払うことができ、なわばりを侵害されずにすんだと思い込みます。

同様のことが数回あれば、吠えればなわばりは守られ、いやなことはさけられると学習してしまい、「吠えれば来客を追い払える」と覚えてしまいます。

「負の強化」は、場合によってはこのように不適切な行動を覚えてしまう要因にもなります。

「正の強化」も「負の強化」も、行動の学習の仕方は、心理学や行動学では「オペラント条件付け」と呼ばれるもので、operate（作動する・動かす）・operation（操作）をもとにした能動的な学習とされます。

そして犬が積極的に人の指示に応じるようになるためには、威圧して服従させるのではなく、ほめてごほうびを与えることで人の指示に対するモチベーションを高めることが大切になります。

犬のモチベーションを高めるコマンド・トレーニングのやり方

ここでは、飼い主と犬の絆を深める重要なコミュニケーションツールとなる、コマンド・トレーニングの方法を紹介します。

しつけやコマンド・トレーニングの解説には「ごほうび」をあげる場面がさかんに出てきます。ごほうびというと、おやつなどの食べ物をあげることと多くの人が考えていると思いますが、本来は食べ物だけでなく、遊んであげる、なでてあげる、自由にさせてあげるなど、その犬が求めている欲求をかなえてあげることは、すべてごほうびになります。しかし、なでたり遊んであげたりしても、そのときに犬がそれを望んでいなければごほうびにはなりません。

一方、多くの犬はどんな状況でも食べることを好む傾向が強く、どんな飼い主さんでも食べ物は手軽に扱えるという利点もあります。率直に言えば、犬はいつでも食べることが好きで、嬉しいのです。よって、しつけやコマンド・トレーニングのごほうびとして、最も犬のモチベーションを上げやすい食べ物が定着しています。以下、ここでは「ごほうび＝おやつを与えること」で解説していきます。

コマンドは「待て」「おすわり」など、ことばで指令するのが基本ですが、手順として大事なことは、「動きを教えてから、ことばを結びつける」ことです。犬はことばの意味がわかりません。コマンドを覚えるのは「動作とことば」を結びつけるからで、まずは正の強化を用いて動きを教えてからことばを結びつけることを意識しましょう。

動きを教えるには、「目的の行動ができたらごほうびを与える」のが基本の考え方です。目的の行動をとれるようにするには、①犬がその動きをするまで待つ。②体を押したり人が補助して動きを作る。③ごほうびで誘導する。などの方法がありますが、③が最も無理がなく一般的です。

その手順としては、次のようなステップがあります。

手順1：ごほうびで誘導して、できたらごほうびを与える。
手順2：誘導する手の動きだけ（ごほうびを持たずにハンドサイン）でできたらごほうびを与える。
手順3：ことば↓手の動き（ハンドサイン）でできたらごほうびを与える。これを繰り返し、ことばだけでできるように練習する。

次のページより手順1・2・3をそれぞれイラスト付きで説明します。ここでは〝伏せ〟のコマンド・トレーニングを例とします。手順1ができるようになったら2へ、2ができるようになったら3へ移行します。

〈コマンド・トレーニング〉

手順1

ごほうびで誘導する

1

▲両手にごほうびを持つ

2

▲ことばのコマンドは言わず誘導する

3

▲誘導した手とは逆の手から
ごほうびをあげる

〈コマンド・トレーニング〉

手順2

ハンドサインでできるようにする

1

▲誘導する手にはごほうびを持たない

2

▲ごほうびを持っていない手で誘導する（ことばのコマンドは言わない）

3

▲誘導した手とは逆の手からごほうびをあげる

〈コマンド・トレーニング〉

手順3

ことばのコマンドを教える

▲ことばのコマンドを
決める

▲ことばのコマンド
→ハンドサインの
順で指示をだす

◀誘導した手とは逆
の手からごほうび
をあげる

◀すぐにハンドサイン
は出さず、犬がこと
ばのコマンドだけで
反応するか様子を見
ながらことばのサイ
ンとハンドサインの
間隔を少しずつあけ
ていく

達成基準として、8割以上できるようになれば次の手順へ移るようにします。

なお、手順2のハンドサインを教えておくと、老化によって耳が遠くなったときや、声を出してコマンドが言えないときにも有効なので重宝します。

ごほうびをあげる際は、ただあげるだけでなく、「できたね」「いいよ」「グッド」など〝ほめことばをかけながらあげる〟と、トレーニングがより効果的に行えます。目的の行動を効率的に覚えさせるには、よい行動の直後にごほうびをあげるといいのですが、飼い主から離れて待つ、指示でハウスの中に入るなど、犬が離れた場所にいるときには行動直後にごほうびを与えることができません。そのため、ごほうびとほめことばを結び付けておき、ほめことばは〝ごほうびが出てくる合図〟と学習させておくと、トレーニングの効果が上がっていきます。

トリーツ(ごほうび)の上手な与え方

トレーニングの際に使うおやつをトリーツと呼びます。もともとは「特別なごほうび」

という意味です。

正しい行動を習得させるために「ごほうびとしてあげるおやつ」ですから、トリーツは愛犬が好むものを選びます。犬が喜び、嬉しく感じるおやつほど効果的です。「おすわり」「待て」などのコマンドに指示通りの行動ができたら、「いい子」「できたね」など、ほめことばをかけながらすぐにトリーツをあげます。

基本は〝すぐにあげる〟のがポイントで、行動後に間をおかずにあげないと、犬はなぜおやつをもらえるか理解できません。前述のように飼い主と離れた場所での指示の場合は、ほめことばをかけておき、接近できたときにあげます。

また1日に何度もあげるので、小さくごく少量で与えられるものにします。少量ならすぐ食べてしまうので、次の練習にも移りやすいです。ジャーキーなどは5ミリ以下に切っておいて与えましょう。最近はトリーツ用として小さな固形おやつも市販されています。

少量とはいえ、あげすぎるとカロリーの過剰摂取につながります。1日に「食事＋おやつ＋トリーツ」でとる総カロリー量を設定して、その範囲内で利用します。トレーニングでトリーツをたくさんあげる必要があれば、食事の量を減らして調節します。

注意点は、トリーツ用のおやつはふだん使いのおやつとしては利用しないことです。トレーニングで正しい行動ができたときにもらえる〝ごほうび〟だから犬は喜び、しつけ習得の効果も上がるのです。

トレーニングの進行の過程で、「トリーツはいつまであげればいいのか、どの時点でやめていいのか」と聞いてくる飼い主さんがいます。目的の行動を覚えたらトリーツはもういらないだろうと考えてしまうようですが、いくら学習したとしても、ごほうびをあげなくなってしまえば犬の反応は鈍くなってしまいます。

私たちも、いくら仕事を覚えたからといってお給料がもらえなくなれば、仕事をしなくなるでしょう。ごほうびというのは、その行動をとるためのモチベーションを高めるツールなのです。学習が成立するまでは頑張って覚えようとする気持ちをサポートし、学習が成立してからも、頑張って飼い主の指示に応えようとする気持ちをサポートします。

ただし、ずっと同じ調子で同じ量や頻度で与えるのではなく、次のように徐々に与え方を変えていくことをすすめます。

①新しい行動を覚えるまでは、正しくできたら毎回トリーツを与えます。これは連続強化といって、成功率8割以上になるまでは毎回あげるようにします。トレーニング初期には、ある行動が「できたら、ほめてトリーツをあげる」を10回以上繰り返して行ってください。

②学習できた行動には、できたとき必ずあげるのでなく、あげたりあげなかったりにします。ランダムにトリーツを与えたほうが犬のモチベーションが高まるためです。

③トリーツはあげずに「いい子ね」などほめことばだけをかけるケースの割合を、トリーツも一緒に与えるときの割合より徐々に高めていきます。

このように、愛犬の学習の度合いを見ながら、トリーツを与える頻度を徐々に抑えていきます。

犬が好むトリーツは？

トレーニングで使うトリーツは、ふだん与えているおやつより嗜好性の高いもの、より喜ぶものを選ぶことが大事です。

犬の嗜好性に大きな影響を与えるのは匂いです。新しいドッグフードを愛犬に与えても、匂いを嗅いだだけで口にしてくれなかったという経験をした人も多いと思いますが、特別優れた嗅覚を持つ犬にとって、匂いの要素は嗜好性へ大きな影響を与えます。そのまま与えても食べないドッグフードを、温めたりお湯などでふやかすことで食べるようになることがあるのは、匂いの分子の揮発性が高まることでより強く匂いを感じるようになり、食欲が刺激されるからです。また一般に犬は、チーズや納豆など匂いの強い発酵食品を好む傾向があります。

舌には味を感じる味蕾《みらい》という器官があり、味蕾で感じる味覚は、「甘味」「塩味」「酸味」

「苦味」「うま味」の5つの味に分類され、味蕾が多いほどさまざまな味を感知することが可能です。動物によって味蕾の数は異なりますが、人がおよそ9000個の味蕾を持っているのに対し、犬は約1700個とその数は少ないため、人に比べると味を感じにくい構造になっています。

犬の舌には果糖やショ糖に反応する味蕾が多く存在するため、果物などの甘いものを好む傾向があります。また肉食動物に特徴的にみられる、肉の味と関係の深い核酸に反応する味蕾も多く存在するため、タンパク質含有量が同じフードだった場合、穀物が主体のものよりも肉を主体としたものを好む傾向があります。

肉の種類によっても好みが異なり、牛肉、豚肉、ラム肉、鶏肉、馬肉の順番で犬は好むともいわれています。

鶏ささみなどから手作りのトリーツを用意してもいいですが、フードメーカーからは犬用トリーツとしてさまざまな種類のものが市販されています。いくつかを試してみて、より好むものをトリーツに利用するといいでしょう。

異なる環境でもしつけを有効にするために

家族の一員となった犬は、昔に比べるとその行動範囲や関わる人も広がり、生活環境や活動する状況も大きく変化しました。

動物病院やトリミングなどにも頻繁に行くようになり、飼い主以外の人と関わる機会も多くなりました。また愛犬と入店できるドッグ・カフェや、ドッグランで遊んだりお泊まりができるペット同伴向けのホテルやペンションも増えました。高速道路のサービスエリアでも、犬を連れた方が休憩しているのは、もうおなじみの光景です。

外出に犬を同伴する機会が増えれば、公共の場所に行く機会も増えます。そういう場所には当然、犬が苦手な人もいるし、見知らぬ犬と遭遇することも多いわけです。その点を踏まえて、しつけも、ふだんの生活環境だけでなく、「場所や状況が変わっても有効なしつけ」を身につけさせることが重要です。

自分の家やその周辺ではおりこうさんでも、違う環境になるとマナーが守れないようだと、周囲に迷惑がかかり、トラブルの元にもなりかねません。

とくに最近は、災害時の避難など緊急に状況が変わってしまうケースも想定しておかないと、いざというとき飼い主までもパニックになってしまう可能性があります。

ここで、本当の意味でのしつけとは何かを考えてみてください。

それは、〝飼い主の指示がなくても〟犬が状況に応じて適切な行動を、自発的にできるようになることです。

異なる環境や状況におかれても適切な行動ができるようにするには、家庭内で問題が生じないようにするしつけやコマンド・トレーニングだけではなく、日頃から環境や状況の違いによる刺激（騒音、光、匂いなど）への対応力をつけておく必要があります。そのためには、愛犬に子犬の頃からさまざまな刺激に慣れさせておくことが第一です。

生後3週齢から12週齢の「社会化期」の子犬は、人、自分以外の犬や猫、また、さまざまな場所などに対する愛着が形成されはじめ、この時期の経験が将来の性格に大きく影響します。犬同士のコミュニケーションを学ばせるためにも、生後8週齢までは母親や兄弟犬と共に生活をさせ、8週齢を目安に母や兄弟犬と別離させ、人間との絆を構築していくことが重要となります。

しかし、日本では多くの犬が8週齢未満の早期に母親から引き離され、適切な育成をされずに売買されてきたのが実情でした。これは長く問題視されてきましたが、ようやく2021年6月1日に、生後56日以下の子犬や子猫の販売を原則禁じる「8週齢規制」を定めた改正動物愛護法が施行されました。

生後8週齢を過ぎ、人との生活が始まったら、人の社会で共に生活していくためのしつけを少しずつ開始します。この時期はいろいろなものに慣れさせることが大切で、それまで一緒に過ごしていた母親や同腹犬、または飼い主に愛着を持つのと同様に、自分以外の犬や猫などの動物、そして飼い主さん以外の人間ともまめに接することでそれらの存在を刷り込ませ、愛着を生じさせることが重要になります。その際、できれば老若男女、さまざまなタイプの人と接触を持たせることです。偏った特定の人にしか接していないと、将来それ以外の人に対し恐怖心を抱くことがあるからです。

そのほか、いろいろな音、首輪やリード、ブラッシングや耳掃除、爪切り、足ふき、シャンプーなど日常のケアやグッズ類、自分の家や散歩コース以外のさまざまな場所に対しても経験させていくことです。そうした経験が少ないまま育つと、体をさわられることをいやがったり、自宅以外の環境ではさまざまな音に怯えたり、他の犬に対しても恐怖心を持ってしまうことが多くなるのです。

僕自身も、うちでスタンダード・プードルを飼い始めた頃、渋谷のスクランブル交差点（東京でも最もにぎわう場所です）を抱っこして歩いたことがあります。仕事柄イベントや小学校、高齢者施設への訪問活動に一緒に参加することが多いため、より多くの刺激に慣れさせて社会化する必要があったからです。

社会化期の子犬は周りの刺激に恐怖心を抱くことは少なく、しっかり抱きかかえて、ごほうびをあげながら安心させ、周りのにぎわいを見せて経験を積ませました。

幼いうちから街中の騒音や光、人のざわめきなど、いろいろな刺激を経験させておくと、過剰に警戒したり神経質な犬になることを抑えられます。そして、状況変化への耐性がついて、落ち着いた行動をとれるようになります。これこそ健全な「社会化」による効用なのです。

最近では、ドッグスクールのパピークラスや子犬を対象とした幼稚園など、社会化教育が受けられるサービスも増えてきました。人社会に順応してストレスなく暮らすために、犬にも幼児教育は必須なのです。

苦手なものを克服するための学習

コマンド・トレーニングで説明したオペラント条件付けの正の強化は、動物の行動を特定の刺激（コマンド）でコントロールするために利用される学習です。しかし、その動物が恐怖や不安を感じるような場所では、この学習が成り立たなくなってしまうこともあります。よく家の中では指示に応じるのに、外に出るとできなくなってしまうというのは、外の環境に恐怖や不安を感じてしまっていることも要因の一つです。

前述した子犬期の社会化教育は必須ですが、社会化は万能というわけではありません。やはり犬も生き物なので、成長に伴って新たな恐怖や不安を覚える経験をすれば、それまで平気だった場所や状況、物に対しても恐怖心を示すようになります。

行動を変えるために用いられるオペラント条件付けに対して、感情を変える学習に「古典的条件付け」と呼ばれるものがあります。

有名な〝パブロフの犬〟の実験では、「ベルを鳴らす」「食べ物をあげる」という異なる二種の刺激を与えると、次第に「ベルを鳴らす」だけで犬は食欲を刺激され、唾液が分泌されるようになることがわかっています。「オペラント条件付け」が能動的なのに対し、「古典的条件付け」は受動的な学習とされます。梅干を見ると口の中がすっぱくなるのもまさにこの学習です。

しつけの例でいえば、子犬が排泄をもよおしたとき、必ずトイレシートの感触を足の裏で感じながら排泄を繰り返していると、トイレシートの上に行くと排泄をもよおすようになるのがトイレトレーニングです。排泄の場所を「トイレシートの上」と条件付けさせていくと、次第に排泄をもよおした際に自らトイレシートやそれと似た感触のものにおしっこをするようになります。

また、散歩好きな犬が、飼い主がリードを持ったり着替えたりしただけで、「散歩に連れて行ってもらえる」と興奮してしまうのも、わかりやすい条件反射の例です。

古典的条件付けは無意識に学習した感情が伴うのが特徴で、その感情をあとから意識的に変えることは容易ではありません。一度、強い恐怖や不安の経験をすると、その対象を見るだけで恐怖や不安の感情が生じてしまうということが起こります。

　こうした場合の改善の手段としては、恐怖や不安を覚えた対象について、正反対の、嬉しいや楽しいといったポジティブな経験を結び付ける「拮抗《きっこう》条件付け」が有効となります。たとえば、先に例としてあげたインターホンの音に吠える犬は、負の強化だけでなく、来客が来た際の不安感情も古典的条件付けによって学習しています。このネガティブ面を克服するには、インターホンの音にポジティブな感情が結び付くようにする目的で、「インターホンが鳴る→大好きなトリーツを与える」を繰り返し経験させることが有効です。これが拮抗条件付けです。

　学習が進んでくると、今までインターホンが鳴ると警戒心から玄関を気にして吠えていた犬が、トリーツが欲しくて飼い主のもとへ近づいてくるようになります。もともとインターホンに吠えていたのは、来客を追い返したくて吠えていたわけで、トリーツが欲しいという感情が強く伴うようになれば、吠える行動も減ってきます。

非常時の備えにもハウス・トレーニングを

犬との生活では、環境の変化や自然災害など緊急時のことも考慮しておく必要があります。そこで、移動や避難の際に重要になるクレート（ハウス）の使い方を補足しておきます。

クレートは犬用の個室で、小型犬用なら通常はキャリーケースも兼ねています。一般にはプラスチック製で扉面は格子状になって外が見えるようになっています。犬を飼う際には必ず用意してほしいものの一つで、寝場所・休息場所・隠れ場所として利用するほか、車での移動の際は、クレートごと車に乗せるようにします。ハウス・トレーニングと呼ぶ場合、ハウスはクレートのことと考えればいいです。

ちなみに、犬のハウス関係は呼称がまちまちで混乱することがありますが、基本的には次ページのように覚えておきましょう。

・クレート……主としてプラスティック製のキャリーケースで、扉面が格子状になっているもの。ハウスと呼ぶ場合もある。
・キャリー……布などでできたキャリーケースやキャリーバッグ。簡易運搬用。
・ケージ………スチールや金網などでできた囲い。四方の側面に加え床面と天井がある。
・サークル……側面のみの囲い。床面と天井はなし。

まれにバリケンネルという呼称がみられますが、英語やメーカーの呼び方が使われているだけで、クレートと同じものと思えばいいです。

万が一災害などで避難する必要が生じたら、クレートごとの移動が必須です。

災害時はペットも同行避難が可能な場合もありますが、避難所ではクレートに入れない状態では飼い主と一緒にいられません（通常はペットは避難所で分離されてしまいます）。非常時で飼い主も混乱したり慌てたりしているときは、リードだけでつなぐより、クレートに入れたほうが犬も飼い主も安心できます。

犬はもともと巣穴で生活していたので、四方が囲まれた小さな個室が落ち着きます。

クレートのサイズは、立った状態で頭よりもやや高い天井、鼻先からしっぽの付け根までの奥行、中で横になって寝られる幅を考慮し、犬の体が余裕をもって収まり、寝られるスペースがあれば十分です。狭い巣穴のような個室がいいので、中途半端に広いとかえって落ち着かない場合があります。

移動時や非常時にもクレートへ抵抗なく入れるように、子犬のうちからクレートで休息する「ハウス・トレーニング」をしておくことをすすめます。といっても、子犬の頃からケージ内に適切な大きさのクレートを提供すれば、犬は居心地がよいため自然とそれを安心な休息の場として認識してくれます。

ケージ内のクレートで休む習慣をつけておくと、家族の食事時間にテーブルへ来てねだるようなこともさけられます。また犬が休息したいとき、部屋の照明がついていても眠れる場所として利用できます。成犬になってからでも、1日のうちにクレートへ入れる時間をつくるなどして、〝ひとりで寝る場所〟として慣れさせておくことも大事です。

また自動車がある場合、移動に備えて、家用と別に車専用のクレートを用意しておくほうが便利です。わが家でも車にはクレートを積みっぱなしにして、出かけるときは愛犬だけ移動させています。

外部の音を意識して寝場所を設置

ちょっと注意が必要なのは、ケージやクレート（または専用ベッド）の設置場所です。音や光の刺激が少ない安心できる場所に置くというのが基本で、人の動線をさけた場所を選びます。

ただ、つい窓のそばや出入り口に近いところへ置きがちなのですが、クレートやベッドは窓や出入り口の近くはさけて、家の中心部に近いところに置くのが正解です。理由としては、窓や出入り口の近くは、外からの音や下方からの音が響きやすく、犬は音に反応して吠えやすいからです。

窓や出入り口というのはテリトリーの境界に近い場所でもあり、犬は外の刺激に過敏になりやすいのです。窓は防音効果が薄く、玄関からリビングなどの窓を結ぶ線は音の抜け道になっています。可聴域が広く音に神経質な犬は落ち着かないのです。

人間が想像する以上に、犬は音を気にしています。とくに家の外からと下方から聞こえる音に敏感です。家の立地でいうと、十字路などの角に建つ家は要注意です。道路側からさまざまな刺激が入ってくるので、犬が吠えやすいのです。

僕自身の経験でもこういうことがありました。

シェパードを飼っていた頃、道路奥にあったテラスハウスから、2階建てアパートの1階の角部屋に引っ越したのです。そうしたら、夜中に吠えたことなどない愛犬が、夜さかんに吠えるようになってしまいました。

なぜだろうと考えたら、原因は立地にありました。その部屋は、玄関横を道路が走り、部屋のすぐ下横が駐車場だったのです。人間はほとんど感知しない音でも、犬には気になってしょうがない騒音なのです。寝場所は置き場所にも注意を払ってください。

愛犬とベッドで一緒に寝るのはOKか？

寝場所にクレートを用意する話をしましたが、愛犬と一緒に寝たがる飼い主さんは多いです。寝息を聞き、ぬくもりを感じながら愛犬と眠るのは、至福の時間だと思っている飼い主さんも多いでしょう。しかし、幼いうちから夜はベッドで一緒に寝る習慣をつけてしまうと、飼い主から離れる状況におかれたとき、不都合が生じることもあります。

旅行などで愛犬を預ける必要が出た場合、ペットホテルで寝られず一晩中吠えてしまうとか、災害時の避難などで離ればなれになるときも、同様の問題が起きます。

犬側としては、常に飼い主さんとくっついて寝ていると、いないとき不安になり、大変なストレスになるわけです。分離不安という症状になると、飼い主の姿が見えないだけで落ち着かなくなり、家中を探し回ったりしてしまいます。

昔の犬の飼い方の本では、「上下関係を維持するために犬とは一緒に寝ないこと」などと書かれていました。これはナンセンスですが、歯周病など、人から犬へうつる病気の感染を予防するためにも、常時一緒のベッドで寝るのはさけたほうがいいでしょう。

クレートや犬専用ベッドなど、安心してひとりで寝られる場所を確保した上で、ときどき一緒に寝るという程度なら問題ないです。飼い主のベッドしか寝場所がない、という状態はよくありません。

愛犬の幸福を考える共生の仕方へ

僕はドッグスクールで日常的に大勢の飼い主さんたちと接しており、また以前から、犬の雑誌やテレビのペット関連の情報番組から取材を受ける機会がけっこうありました。そこで感じるのは、飼い主さんたちの意識もここ十数年でだいぶ変わってきたということです。

かつては「おすわり・お手・待て」などの個々のしつけ法や、人を悩ます行動を直すノウハウを知りたいという方が多く、それが犬のしつけのアドバイスになっていました。しかし最近では、「それはいいから、犬とはどういう生態・習性を持つ動物なのかもっとちゃんと知りたい」という人が増えたのです。

犬という動物を正しく理解すれば、不可解な行動や言うことをきかない理由もわかってくるし、その生態・習性に適した環境をつくってあげられる。愛犬とのコミュニケーションもとりやすくなり、互いの理解も絆も深まるということを多くの人がわかってきたのです。

20年以上かかって、ようやくこの段階まで進んできました。

愛犬との生活をより大切に考える人が増えて、飼い主さんたちの心情にも、次のような変化が現れてきています。

命令者という立場でなく、愛犬と自然に協調性の保てる親和性の高い関係でいたい。

飼い主の指示にばかり頼ってしまっていいのか。犬の自主性だって尊重したい。

自分たちの喜びだけでなく、そうした犬の福祉・幸福に寄与する共生を実現しようという思いを、飼い主さん側に感じることが多くなりました。これは明らかな変化だと思います。

それと並行して、商品としてのペットの扱い方が問われたり、子犬のうちの社会化の重要性が見直されてきました。ペットの売買にも8週齢規制が法律化され、社会化期を健全に過ごさせることや、よりよい環境づくりに意識が向けられるようになりました。

ようやく日本も少し成熟してきたということかもしれません。

第4章　愛犬の「困った」にどう向きあうか

――プロが教える問題行動への対処法

犬の「問題行動」とは何か

「うちの犬に問題行動が増えて困っている」
「問題行動をやめさせたいのだが、どうしていいかわからない」

この2つは愛犬家さんとの会話でよく耳にすることばです。犬のしつけの本にも、この「問題行動」ということばはよく出てきます。しかし、「問題行動」とひと括《くく》りに言っても、どんな行動をさしているのか、飼い主さんによってまったく認識が異なることがあります。

そこで、まず何をもって問題行動と呼ぶかという点をはっきりさせておきましょう。

問題行動とは、もともとは人間側の都合から生じたことばです。

犬が動物として正常な行動をしていても、人が〝問題〟として感じたら問題行動なのです。問題行動を定義づけると、「人間社会と協調できない行動」、あるいは「人間（飼い主や犬と関わるその他の人）が問題と感じる行動」で、動物の習性として正常な行動も、正常範囲から外れた異常行動も両方含まれます。そのため、問題行動が生じる原因は後述するように多岐にわたるわけです。
次に、問題行動の何が「問題」かという点を確認しておきましょう。
大きく分けると次の３つです。

①飼い主に与える肉体的・精神的苦痛
②犬の福祉が損なわれる・ＱＯＬ（生活の質）の低下
③近隣への迷惑・悪影響

③は、飼い主は何も感じていなくても、飼い主以外の周りの人が問題と感じれば問題行動になってしまうということです。
問題行動にはさまざまなものがありますが、次ページのように分類できます。

●問題行動の分類

・攻撃行動（人や他の犬への威嚇、咬みつき）
・過剰咆哮（過剰な吠え。早朝・深夜の吠え、玄関や外の物音で過剰に吠える、他の犬や人に過剰に吠える）
・分離不安（飼い主が留守中や同居犬が離れるなどしたときの過剰な吠え、物の破壊、トイレの失敗、多動）
・恐怖症（人・他の犬・動物に過剰に怯える、物や音に対して怯える）
・常同障害（しっぽを追う、体の一部を咬む、過度に被毛をなめ続ける）
・高齢性認知障害（夜中の咆哮・徘徊《はいかい》、粗相、方向を迷う）
・その他（排泄の問題、散歩中の引っ張り、誤飲・誤食など）

さらに、問題行動に関して厄介なことは、「人の考えや価値観によって問題のとらえ方が変わる」ということです。飼い主によって「求める理想」や「許容範囲」が異なるので、深刻さの度合いも飼い主によって異なってしまうのです。

たとえば、早朝や深夜の吠えについて、「なんとかやめさせせないといけない」と考える人もいれば、「その程度のことを気にしていたら犬は飼えない」と考える人もいるわけです。

また、問題行動の対処法や解決策を考えるとき、場合によっては飼い主か犬か、どちらかに負担が偏る、つまり、どちらかがある程度の〝無理や我慢〟をしなくてはならないということがあります。

〝理解不足〟が問題を生じさせる

問題行動を抱えている飼い主さんの中には、「うちの犬はもともとそういう〝困った犬〟なのだ」などと、犬にばかり原因を押し付けてしまう人もいます。

しかし、人にとって都合の悪い行動を問題とみなす前に、自分たちの側に問題の要因となるものはないかと考えてみることが大事です。飼い主さんの知識不足・理解不足や、犬を受け入れようとする気持ちの余裕のなさから、愛犬の行動を「困った行動」とみなしている例も多いのです。

また、必要以上に自分を責めて、愛犬と自分との上下関係の崩れが原因ではないかと考える飼い主さんもいます。自分が飼い主（主人あるいはボス）として役割が果たせていないから愛犬が問題行動を起こす、と考えてしまうのです。「自分は愛犬にナメられている」とか、「愛犬は自分を下に見ている」「自分は飼い主として失格なのだ」と思い込んでしまう飼い主さんもいます。

しかし、上下関係に原因を求めようとするのはもはや時代遅れの間違った考えで、上下関係の崩れというのはまず関係ありません。問題行動の多くは、犬の不安や恐怖が根底にあります。

愛犬を「人の言うことをきかない犬」と思い込んでしまっている飼い主さんにいろいろ話を聞いてみると、残念ながら適正な飼い方がされていないことが多いです。接し方も学習やしつけの方法も不適切だったりします。なぜそうなってしまうかといえば、問題の根本には〝犬についての理解不足〟があります。犬種による特性や愛犬の個性を含め、犬を正しく理解していないから適切な接し方ができず、さまざまな問題が生じてしまうのです。

犬に関する情報は世の中にあふれているのに、いまだに多くの飼い主さんが理解不足でいるのは、新しい情報を取り入れた説明をしていない専門家やメディアの影響も大きいでしょう。一生懸命、いろいろなことを学ぼうと飼い主さんが努力していても、情報の発信者が正しいことを伝えなければ、飼い主さんを混乱させてしまいます。スクールなどで僕が相談を受けた場合、飼い主さんのそうした混乱を整理し、適切な情報を伝えてあげるだけで、問題としていた行動への見方が変わることも非常に多いのです。

「問題行動」の原因となるもの

問題行動を考えるときに大事なのは、その原因には非常にたくさんの要因が関わっているということを知り、短絡的にとらえないことです。

問題行動の原因となるものは、大きく分けると「動物側の要因」と「飼育環境の要因」の2つがあります。

動物側の要因というのは、パソコンで例えるとCPUやハードディスクのようなもので、その犬の遺伝的な要因や生理的な要因、病理学的な要因など形のある要素をさします。

一方の飼育環境の要因はアプリケーションのようなもので、犬が生まれてから経験したことや学習したことなど、無形の要素をさします。

●動物側の要因

・遺伝的要因

護衛犬などは犬種の特性として攻撃性が高い傾向があります。同じ犬種でも代々の系統による遺伝的影響もあり、ショータイプ（姿形が重視され性格は従順）・フィールドタイプ（運動や作業好きで性格は活発）などの特徴が問題行動の要因になる場合もあります。また兄弟であっても性格には個体差があるため、その個体の性格が飼い主の生活スタイルに合わないこともあります。

・生理的要因

ホルモン（テストステロン、甲状腺ホルモンなど）も行動に大きな影響を与えます。

・病理学的要因
身体的な疾患（泌尿器系の疾患、神経疾患など）や高齢性認知障害が行動に影響する事例も多いです。

●飼育環境の要因

・不適切な繁殖・育種
無計画な繁殖にはさまざまな弊害や影響が出ます。幼少期の不適切な飼育や、社会化期に必要な経験が不足するケースが増えます。早期の母子分離により、犬の情緒面に影響が出る（不安や攻撃性が高まる）場合も多いです。

・望ましくない学習
しつけの不足や、誤ったしつけ方による影響です。犬にとって不快なことだという点に無自覚なまま、過剰な接触や体罰が行われている例もあります。同居する家族や同居犬・他の動物との相性の悪さが影響することもあります。

・飼い主の与える物理的環境

飼育環境の影響は大きいです。居住スペースの広さや衛生面のほか、寝場所となるクレートやケージの配置も要注意で、家の内外の音や人の出入り、家の外に見えるものも要因になります。運動不足や刺激不足（あまり外に連れ出さない）も影響します。

以上のように、問題行動にはさまざまな要因が考えられ、いくつかの要素が複合的に絡んで原因となっている場合もあります。

「問題行動」の解決への道

飼い主として「困った」となる問題行動がみられたら、まずは「飼育環境の要因」から思い当たることがないかを確認してみましょう。

トレーナーとして多くの相談事例に対応してきた経験と、僕自身の飼育経験も加えて言うと、〝犬の特性に配慮していない環境設定や関わり方〟が問題行動の要因となるケースは非常に多いです。環境の要因がわかれば、その部分を改善することが問題解決の糸口になります。

しかし、飼い主だけの努力で問題行動を解決するのは困難なこともあります。とくに原因が「動物側の要因」にあった場合、これは獣医師ら専門家でないと原因の究明と解決が難しいからです。遺伝や生理的なものが要因だった場合、環境を整えたり、しつけで改善しようとしても直らないわけです。

問題行動に悩み、その原因もよくわからないという場合、飼い主さんひとりで悩まずに、専門家の力を借りることも検討してみましょう。ドッグスクールやドッグトレーナーはそのために存在しますし、必ず力になってくれます。獣医師さんたちによる、医学的見地からの問題行動の研究も進んでいます。

原因について、学習の要因が強いのか、ストレスや病気の要因が強いのかを判断するのは普通の飼い主さんには至難のわざです。また原因究明から行動修正までがんばろうとしても、飼い主さんだけでは大変な時間と労力がかかってしまいます。

実際、生理的・病理学的要因の場合は素人では手に負えないことになります。薬物療法や矯正グッズが必要となることもありますから、問題行動修正にも詳しい獣医師やトレーナーなどの専門家に相談することが望ましいです。

以下、問題行動・お困り行動の事例をあげながら、愛犬の「困った」に対処する基本的な対応方法を述べていきますが、試してみても改善が難しい場合は、なるべく早く専門家に相談をするようにしてください。

「散歩中のお困り行動」への対処法

●出会う犬や人に吠えかかってしまう

このケースでは、愛犬が「他の犬や人とふれあいたい場合」と「他の犬や人を警戒している場合」の二種類があります。いずれの場合にも有効なのは以下の対処法です。

①ごほうび（おやつ）を与えながら意識を飼い主に向けてすれ違う
・他の犬、人にふれあいたい場合↓ごほうびをもらえることのほうが愛犬のモチベーションを高くするので、犬や人から気をそらすことができます。
・他の犬、人に警戒している場合↓ごほうびをもらえてうれしい感情を結び付けさせ、警戒心を和らげることができます。

②①の対応を円滑に行うために
・日頃からほめるしつけを中心に行い、飼い主とのコミュニケーションへの期待感を高めるようにします。
・この場合に与えるのは特別なごほうび（とくに好きなおやつ・嗜好性の高いもの）にします。このごほうびはふだんは与えないようにすること。
・吠えかかるときは飛びつきたい衝動を伴うことも多いので、飛びつきを制御するために引っ張り防止用のハーネス（犬に不快感を与えずに引っ張りの力を弱める構造のハーネスが市販されている）を用いるのも有効です。

・対象の犬や人とは距離をとってすれ違うようにします。はじめは犬や人が少ない場所で練習して慣らしますが、難しい場合は、抱き上げてその場を通り過ぎるなど、無理をせず失敗を回避する対応をとりましょう。

③「ふれあいたい場合」は日頃から行動を制限する

・人懐こく他の犬にフレンドリーな愛犬であっても、犬のしたいことを容認しすぎないことが大事です。容認してしまうと、（犬や人へ）挨拶しないと満足できなくなることがあります。挨拶を習慣にしてしまうと、できないときにストレスになるため、「挨拶できないときもある」ことを教えます。

・挨拶させるときは、おすわりで待たせた後などに「飼い主の指示」で挨拶させるよう練習します。

④「人や犬を警戒している場合」は慣らす練習を

・まず人や犬に慣らす練習をします。手順としては、最初はある程度の距離をとって、ごほうびを与えながら少しずつ近づけるようにします。

・近づけるようになっても無理に接触させないこと。一般には慣らす対象（人、犬）の協力が得られにくいので、トレーナーなど専門家に協力してもらうことをおすすめします。

●引っ張りの力が強くへトへトになる

①好きに歩ける場所（公園など人通りが少なく迷惑になりにくい場所）と、飼い主の歩調に合わせて歩く場所（人通りや交通量が多い場所や犬が嫌いな人もいることを配慮すべき場所）を決めて、歩行にメリハリをつけること。

②歩調を合わせて歩くことを教えるときは、リードは短く持ちます。

③引っ張り防止用のハーネスを利用するのも有効です。

④ごほうびを与えながら歩きます。はじめは2、3歩に1回の割合で与え、集中してきたら少しずつ与えるようにします。リードを張る感覚がないとき、飼い主を意識して

見ているとき、飼い主の歩調に合わせて歩いているときなどが、「いい子」「グッド」などとほめてごほうびを与えるタイミングです。

●落ちているものをくわえる・食べてしまう

前項の引っ張り対応①～④と同様に歩行にメリハリをつけ、ごほうびを与えながら歩きます。ほめて歩くことで意識が上（飼い主のほう）にいき、路面に落ちているものを拾い食いしにくくなります。

●〝路上がトイレ〟のクセは直せるか？

①家でトイレを済ませてから散歩に出かけます。

②前述のように飼い主の歩調に合わせて歩くことを教え、匂い嗅ぎをしたがっても、させないようにごほうびでコントロールします。

③未去勢のオスの場合は去勢も検討しましょう。匂い嗅ぎとマーキングはかなりの率で減ることがあります。

「留守番でのお困り行動」を減らすには

飼い主が不在になるときは、家の中をなるべく快適な状態に保ち、飼い主がいなくても「安全で安心な場所だ」という感覚が得られるようにします。夏や冬に長時間留守番させるときは、室温や湿度の設定・管理も大事です。とくに夏場は閉め切った部屋で熱中症になる事例も増えているので、外出時もエアコンを運転させたままにする、水は十分に自由に飲めるようにする、などの配慮が必要です。

安心できる居場所としてサークルやケージも上手く利用し、おやつを取り出せるコングなど留守番グッズも活用しましょう。留守番（＝飼い主の不在）を特別なことに感じさせないようにするしつけも大事です。

なお、飼い主と離れることで犬が問題となるような行動を起こすことを「分離不安」といいます。犬は社会性が豊かで、本来、野生では群れで行動をする習性があります。しかし人間との生活では「ひとりきりで留守番をしなければならない」という状況も生じます。留守番中や飼い主と離れていたときに非常に怖い思いをしたりすると、常に飼い主さんがそばにいないと不安になり、その不安から問題行動を起こすことがあります。分離不安症とは、このような状態の総称です。飼い主が愛犬を甘やかしすぎたり、常にかまっているような飼い方をしたときも、分離不安が生じることがあります。

●出かけようとすると足首にかじりついてくる

①日頃からおもちゃを使って遊ぶ時間を増やし、咬んで遊びたい欲求を満たしてあげるようにします。

②コングなどにごほうび（おやつ）を入れて与えてから、出かける準備をしましょう。

③可能であれば、飼い主が出かける前に違う部屋で留守番をスタートさせるなど、飼い主に咬みつきに来られないような環境を作りましょう。

●観葉植物や小物を破壊してしまう

①壊されて困るものは、愛犬がさわれない場所に置くようにします。行動を制限するというより、大事なものは犬の目にふれない場所にしまい、物理的に手を出せないよう

にするのが一番です。
②犬から距離をおくことができない場合（家具など）は、柵やガードなどを用いて近づけないようにしましょう。
③日頃から遊びを通して、咬んで遊びたい欲求を満たしておきましょう。

●留守中、過剰な吠えや遠吠えを繰り返している
①子犬の頃から起きている場合は、留守番の練習が不足しています（ただし、その状態が長く続いている場合は分離不安の可能性もあり）。
②子犬の場合は、少しずつひとりで留守番する練習をさせます。練習は散歩や遊びなどを通して欲求を満たしてから行い、徐々に時間を延ばしていきます。練習の際には、コングなどにごほうびを詰めて夢中になれるものを与えるようにします。少しずつ時間を延ばしていくことで（はじめは違う部屋に行く程度から始める）、「飼い主の不在は特別なことではない」という感覚を身につけさせます。
③成犬になってから、何かのタイミングで突然生じた場合は、分離不安の可能性が高い

ため、早急に専門家に相談することをすすめます。過剰な吠え・遠吠えが留守番のたびに続けば近隣への迷惑となるので、なるべく単独で留守番させないようにします。一時的に、ペットホテルなどに預かりを依頼する手段もあります。

●留守番が長いと必ず粗相をする

①子犬の頃から起きている場合は、トイレの練習が不完全なままのことが多いです（その状態が長く続いている場合は分離不安の可能性もあり）。成犬で突然生じた場合は分離不安の可能性が高いです。

②子犬の場合であれば、トイレトレーニングを見直し、一からやり直すことも必要です。

③成犬から急に生じた場合は分離不安の可能性があるため、早急に専門家に相談しましょう。前項同様、なるべく単独で留守番させないように、ペットホテルのような場所に預かりをお願いしましょう。

以上のような事例が長く続き、度が過ぎていたり改善の気配もないようなときは、神経疾患などの病気が原因になっている可能性があります。早めに獣医師と相談することをおすすめします。

「その他のお困り事例」の対処法

●近づいて体をさわろうとする人をつい咬んでしまう

「かわいいねえ」などと言いながら犬に近づき、頭や体をなでようとして咬みつかれてしまう事例は多いです。飼い主さんでも、体をふくとき、ブラッシングするとき、首輪やハーネスを付けるときなど威嚇されて咬まれて困ると相談に来る方もいます。ケガにつながりますし、健康管理や治療が困難になって愛犬の健康を維持できなくなるため、なるべく早期に改善したい行動です。しかし修正するのは容易ではなく時間もかかるため、ドッグトレーナーなど専門家へ相談することが望ましいです。

①犬への近づき方に気をつける（図4参照）

警戒心から反射的に咬みついてしまう場合は、人側の接近の仕方がよくない場合が多いです。「人が犬の上にかがみ込む」「犬の口元に顔を近づける」「犬の目を近くからじっと見つめる」という行為は、犬の咬みつきを誘発しやすい行動です。図は、犬好きな人でも日常的にやりがちな行動ですが、犬にとっては好ましくない接し方です。飼い主であっても、不意に近づかれたりさわられたりすると犬は恐怖心を持ってしまいます。

②匂いを嗅がせて安心させる

とくに初対面のときは、犬の目を見つめずにゆっくり近づき、しゃがむなどして手の甲を下から差し出し、まず匂いを嗅がせて安心させる、というアプローチが有効です。首輪をつかむ、抱き上げるといったことをする際は、どうしても①のような状況になってしまいます。その際は、必ずごほうびをあげ警戒心を和らげながら接することが必要になります。

図4

〈犬が嫌がる接し方〉

覆いかぶさるように
さわる・つかむ

顔を覗き込む
顔の周りや頭をなでる

無理やり
抱きつく・さわる

・犬の上にかがみ込む
・犬の口元に顔を近づける
・犬の目を近くからじっと見つめる

↓

人に対する咬みつきを
誘発しやすい行動

参照：P.Rezac,K. Rezac,P. Slama, 2015, Human behavior preceding dog bites to the face. *The Veterinary Journal* 206(3): 284-288

③咬みつきがひどい場合は専門家に相談する

攻撃性が強い場合、育ち方や接し方の問題だけではなく、犬自身の体調が悪かったり、何かしらの先天的な原因があるかもしれません。ケガや他人との大きなトラブルになる可能性もあるので、自分だけで無理に慣らそうとか直そうとせず、早めに専門家に相談しましょう。

●子犬のときから「甘咬み」のクセが直らない

遊んでいる最中に手を咬まれたり、洋服の袖、ズボンの裾、髪の毛などを咬まれるという飼い主さんの悩みも多いです。サークルから出すたびに興奮して咬んでくるというお困り事例もあります。いわゆる「甘咬み」なのですが、これらは犬の遊びの特徴からきています。犬はモノを咬んで遊ぶことが大好きで、人にまとわりついて遊ぶことも好き。また子犬のときは兄弟でお互いの体を咬みあって遊びます。子犬のうちは力も弱いので甘咬みで済みますが、成犬になっても咬むクセが直らないと、ケガや他人とのトラブルにもつながってしまいます。

①日頃の接し方に注意し、遊ぶ時間を十分につくる

サークルから出したらまずは遊んであげましょう。犬は飼い主とふれあいたいので、遊びに誘おうと咬んでくることがあります。遊びが足りないと甘咬みの頻度が増えます。ふだんから遊ぶ時間を十分につくり、遊びの際は手で動きを誘うような遊び方はしないように。必ずおもちゃで遊ぶようにしましょう。子犬のうちは、かわいいからといって咬ませ続けないこと。咬むのをやめさせるために手で払わないこと。咬もうとするときは手を後ろに隠します。

②手のひらからごほうびをあげる習慣をつける

おやつを手のひらからあげて、「手からいいものをもらえる」ことを覚えさせます。リラックスしているときに手でなでてあげることも大事です。

③狩りを模倣した遊びを取り入れる（図5参照）

遊びの欲求は狩りの欲求と通じています。獲物を探す（＝おやつを探す）、追いかける（＝ボールなどを追いかける）、くわえる・かじる（＝ディスクやおもちゃのキャッチ）、咬み殺す（＝ロープやおもちゃを咬んで振り回す）、食べる（＝おもちゃの中身をほじくり出す）など。遊ばせるときは狩りを想定し、狩りを模倣した遊び方をさせると欲求が満たされ、手や飼い主の服を咬むような行為を軽減できます。

たとえば、ロープなどで引っ張りっこをして遊ぶときも、まずは獲物が逃げるように地面を這うようにロープを動かし、ある程度追わせたら咬ませてあげます。咬んだおもちゃを振り回すのに合わせ引っ張ってあげ、最後はおもちゃを渡してあげます。そして遊びを再開するときは咬んでいる方とは逆側のロープを持って引っ張ってあげれば、犬は取られてしまうと心配せずに引っ張りっこを始めてくれます。

八分目程度遊んだら遊びを終了します。無理に取り上げようとすると犬はおもちゃを守ろうとしますが、引っ張りっこしているおもちゃの動きを止めると、犬も自然とおもちゃを放してくれます。放す際に、「ちょうだい」などの声かけをすると、しだいに「ち

図5

〈狩りを模倣した遊び〉

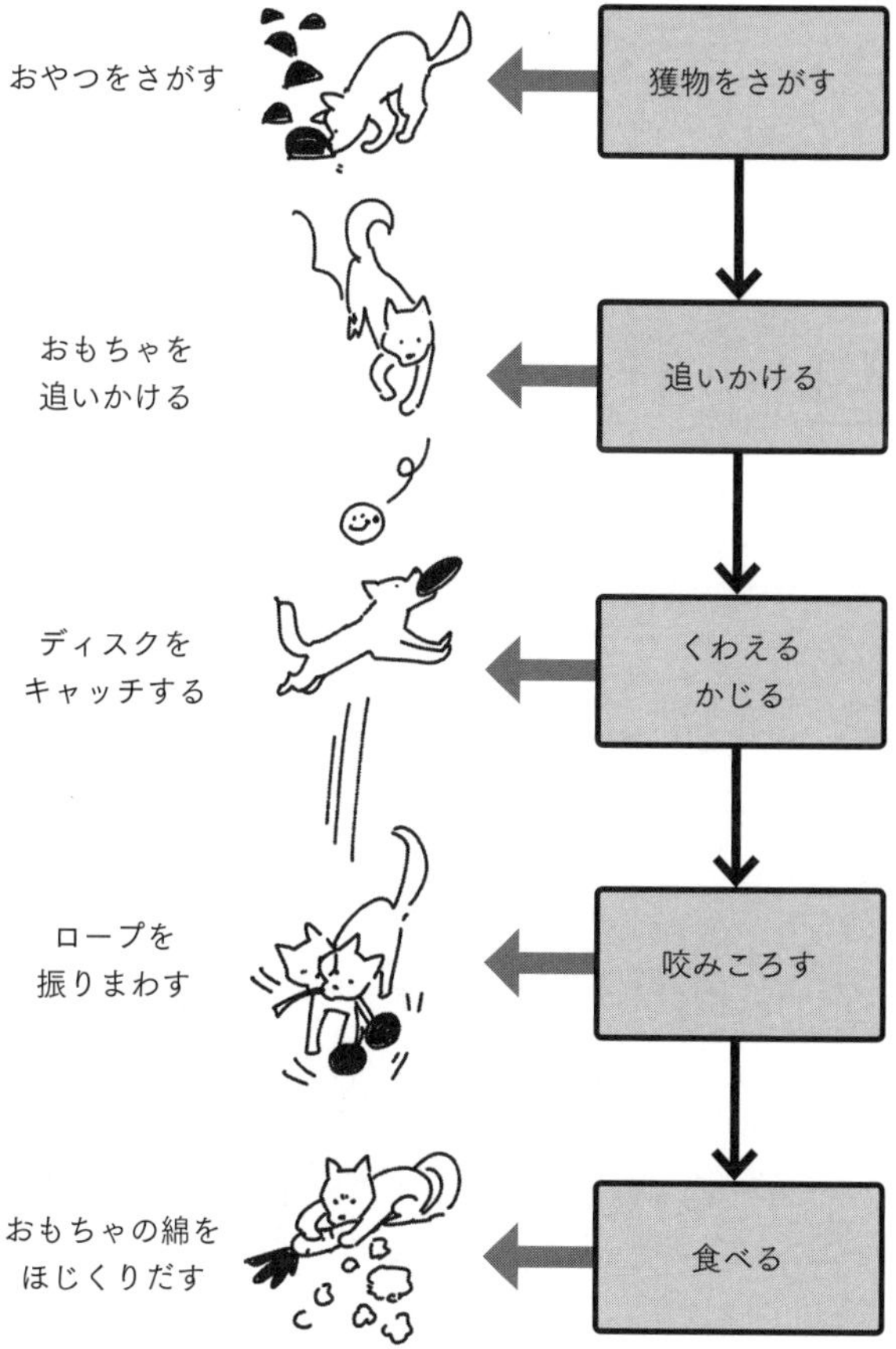

ょうだい」という声かけだけでおもちゃを放すようになってきます。

④愛犬に合った適切なおもちゃを選ぶ（図6参照）

前項③の遊びには、愛犬の反応も見ながらその子に合ったおもちゃを選ぶことが大事です。飼い主と遊ぶおもちゃと、犬のひとり遊び用のおもちゃは分けて用意します。飼い主と遊ぶおもちゃは、咬むところと持つところが離れていて、飲み込まない程度の大きさで、しっかり口に入れて咬むことができる大きさのものを選びましょう。

犬だけで遊ぶおもちゃは、壊れにくく咬みごたえがあるものを。食べ物が入れられるコングなどは留守番用にもいいです。適切なおもちゃを選ばないと十分に楽しめず、欲求不満が残ってしまいます。

●カーペットをかじるクセが直らず、一部食べてしまう

これも甘咬みのクセ同様、咬んで遊ぶことが足りていないことが原因の一つになります。誤食で体調を崩すこともあるので、住環境の見直しも必要です。

図6

〈適切なおもちゃを選ぶ〉

1．犬だけで遊ぶおもちゃと
　　飼い主と遊ぶおもちゃを分ける
2．飼い主と遊ぶおもちゃは与えっぱなしにしない
3．月齢に応じてかたさと大きさを変えていく

・咬むところと持つところが離れている
・しっかり咬める

・壊れにくい
・食べ物が入れられるもの

①咬んで遊ぶ頻度を増やして咬む欲求を満たす

前項・甘咬みの適切な遊び方を参考にしてください。

②咬んで困るもの、危険なものは近くに置かない

犬は咬んでよいか悪いかの判断はできません。咬んだり飲み込んでしまうことで自分が危険な目にあうことも判断できません。かじりグセのついたカーペットなどは早急に片付け、咬めたりかじれるもので好んで遊ぶおもちゃを与えましょう。カーペットのように毛羽立っていたり、端っこが浮いてしまうようなものは咬みやすいため、床に敷くのはフロアマットのような薄い形状のものがおすすめです。

●抱っこをいやがる・抱こうとすると暴れる

愛犬家には、「犬は人に抱かれるのが好き」と思い込んでいる方も多いです。しかし実際はそうとも言えないのです。海外のある研究で、ネット上の飼い主が犬を抱いてい

る写真250枚を精査したところ、じつに81・6％もの犬が、不安を表すカーミングシグナルを示していたことがわかりました。幸せそうな犬はわずか7・6％でした。犬はじつは抱っこされるのがあまり好きではなく、また正しい抱き方をしている飼い主さんも少ないということです。

①犬が安心する抱き方をする

小型犬でも、正面からいきなり抱きつかれたり、急に抱え上げられることを好みません。抱くときは、横からそっとが基本です。抱えているときもなるべく水平を保つようにすると犬は安心します。

②日頃から保定に慣らす練習をする

動物病院などで診察の際、犬の体を安定した状態に確保（ホールド）することを保定《ほてい》といいます。子犬の頃からこの保定に慣らす練習をしておくと、抱っこに抵抗がなくなり、ボディケアなど健康管理もしやすくなります。保定に慣らしていくには以下の点に注意しましょう。

・前足を持たない（胸を押さえるのが基本）
・脇を締める（しっかり抱き寄せる）
・暴れてから放さない（暴れれば逃げられると学習してしまう→強く暴れる場合はごほうびをあげ短い時間から練習する）
・少しずつ時間を延ばす（最初から長時間保定をする必要はありません）

③子犬の頃から体をさわられることに慣らす
保定にある程度慣れてきたら、体の各部をさわられることに慣らしていきましょう。
これも子犬のうちにやっておくべきことです。

・手を握る、水かきをさわる、爪をさわる
・お腹をなでる、お腹をやさしく押す

・耳元をもむ、耳の中に軽く指を入れる
・目の周りをさわる
・口の周りをさわる、唇をめくる、指で歯茎をさわる（咬みつきには十分注意する）

いやがる場合は、好きなごほうびをあげて気をそらしながら行いましょう。

以上のことに慣らすことで、爪切り、ブラッシング、マッサージ、歯磨きなどのケアが格段にしやすくなり、健康管理にも有益です。

●6か月頃から急に言うことをきかなくなり、他の犬を警戒するようになった

犬にも人間同様に思春期があり、飼い主さんに反抗的になることがわかっています。犬の思春期は生後6か月から9か月頃に迎えるので、この時期に急に反抗的になったり警戒心が強くなってきたら、思春期に入ったことが原因である可能性が高いです。

思春期の時期は犬種や性別によっても異なり、小型犬は生後4か月から6か月頃、大型犬は生後9か月から12か月頃に訪れることが多いです。またオスはマーキングが始ま

る頃、メスは発情期を迎えてから思春期に入っていきます。思春期はイコール反抗期と言っていいですが、反抗の度合いには個体差があります。遅くとも12か月を過ぎるとほとんどの犬は反抗期が収まり、また従順になることが多いです。

①思春期（反抗期）の行動の特徴を知っておく

思春期にみられる特徴的な行動には次のものがあります。

・飼い主に反抗的になる
・こだわり・執着・主張が強くなる
・警戒心が強くなる（吠えることが増える）
・ごはんを食べなくなる
・トイレを失敗する

飼い主に反抗的でも、他の人には以前のように従順だったりするのが思春期の特徴です。こだわりや主張が強くなるのは、自我が芽生えて、自分の好きなものやしたいことへの執着が生まれるから。人や他の犬を威嚇するように吠えることも増えます。トイレを失敗するのはホルモンバランスの変化が一因ともいわれています。オスの場合、急激にマーキングの回数が増えることがあります。

②反抗期にもやさしさを忘れず接する

反抗期には吠えたり言うことをきかなかったりという行為も増えますが、必要以上に驚いたり大げさな反応をしないことです。叱りつけても効果はないので、やさしさを忘れず、遊びや運動の欲求は満たされているか、散歩や日頃のコミュニケーションは十分かをまず確認しましょう。外で他の犬に吠えかかるときは、前出の「出会う犬や人に吠えかかってしまう」の項目を参照してください。

ごはんを食べないときは、とくに体調の変化がなければ量を減らしてみたり、無理に与えず1食抜いてみることも試してみましょう。トイレの失敗が続くときは、もう一度トイレトレーニングをやり直すことも大事です。オスのマーキングが増えたら獣医師と相談して去勢も検討しましょう。

●来客時にインターホンの音で過剰に吠える

第3章でも取り上げましたが、この問題は日本の飼育環境では非常に多く、しつけ方教室などに寄せられる相談としても最も多いです。とくに、子犬の頃はほとんどみられなかったのに、前述した思春期頃から急に反応するようになるため、多くの飼い主さんが困惑をします。

犬はなわばりを守る習性があるため、来客を外部から来た侵入者とみなし警戒して吠えることで追い返そうとします。来客時には必ずインターホンが鳴るため、次第にインターホンの音と来客時の警戒心が結びつき、インターホンの音だけを聞いても反応するようになります。これらの問題を解決するためには、日常の生活で練習する基本練習と、実際に来客が来た際の実践練習が必要となります。

・基本練習

①家族の中でインターホンを鳴らす人と、家の中で犬におやつを与える人を決める。
②インターホンを鳴らしたら、家の中の人が犬におやつをあげる。これを1日10回程度繰り返す。おやつをあげるため、インターホンは間隔を空けて鳴らすようにする。
③父親の帰宅時など、事前に携帯電話などで帰宅を伝え、その際に10回練習してから家に入るようにすれば、練習のために特別な時間を設ける必要もない。

・実践練習
①来客が来た際、すぐに接客して吠えている犬を放っておくのではなく、まずはコングなどにおやつを詰めて与える。
②リビングなどの中でコングのおやつを食べさせ、玄関には近づけないようにした状態で接客する。場合によってはペットゲートなどを使用する。
③接客が終わるまでの間、コングの中のおやつを食べ続けさせる必要があるため、5〜10分程度食べ続けられるように工夫してコングに詰める。

これらの練習は、吠えるようになってからだけでなく、吠える前の子犬の頃から練習しておけば予防につながります。

●12歳を過ぎて、夜吠えのクセが急にはげしくなった

高齢になってからの夜吠えの増加は、まず認知症が疑われます。獣医師さんに相談しましょう。実際、12歳以上の高齢犬で夜鳴きや遠吠え、徘徊など極端な行動の変化が見られる場合、認知症の影響によることが大変多くなってきます。

●新たに保護犬を迎えたが、先住犬のいじめが減らない

多頭飼いを始める家庭が増えて、先住犬との関係がうまくいかないという悩みもよく聞かれます。先住犬と新入り犬との関係性は、個々の性格と相性や、飼育環境などの条件によっても変わってきます。通常は最初の出会わせ方が大事ですが、すでに同居が始まっている場合、先住犬と新入り犬の仲を取り持つ関わり方として、次のことを意識してください。

①競合をさせない

食事や寝床を取り合いにならないよう、それぞれの犬用に確保し、場合によっては離れた別々の場所に用意します。犬は自分のなわばり・所有物・食べ物を守ろうという本能が働くので、競合になると攻撃行動に出てしまい、不仲が深刻になることもあります。飼い主の取り合いも競合の一つですから、2頭いれば、それぞれ同じような接し方をして、関わる時間もできるだけ平等を心がけます。

②それぞれの犬に安心を与える

関わり方を平等にするといっても、いつも2頭を一緒に相手できるわけではありません。じつは、それぞれの犬と絆を深めるためにも、「別々に散歩する」「別々に遊ぶ」という時間を作ることが非常に大事です。片方の犬の相手をできないときは、ほかに夢中になれるもの（知育玩具など）を与えるようにします。それぞれの犬用のハウスやケージを用意して、互いに干渉しない場所・環境を作ってあげることも重要です。

なお、互いのトラブルが減らない場合は、しばらく居住エリアを分けるなど別居期間を設けて、また少しずつ距離を縮めていくことを試してみてください。

新しい犬を迎える前に考えておくべきこと

多頭飼育の増加によって、飼い主を悩ませる問題行動の相談も増えています。
そこで、「多頭飼育を始める前の注意点」をここでまとめておきます。

①飼い主に多頭飼いをする余裕があるか

とくに「時間・金銭面・生活環境」の3点に十分な余裕がないと、のちのち大変です。1頭増えるだけで、散歩や世話の時間はほぼ2倍かかるようになります。食事・おやつ代、医療費・健診費、飼育グッズやおもちゃ代などの経費も倍になります。

1頭増えても自宅に十分な飼育スペースがあることも重要です。慣れるまでは新入り犬には安心できるスペースが必要です。先住犬が老犬の場合は、新たに子犬が来るとストレスになることも多く、住み分けながら少しずつ距離を近づける工夫が必要です。また吠え声があっても近隣の迷惑にならない環境であることも大事です。

②先住犬と新しく迎える犬の相性を検討する

犬同士の相性には、犬種や性差、それぞれの性格、体の大きさ、年齢差など、いろいろな条件が絡んできます。犬同士でスムーズに打ち解ける場合もありますが、たとえば大型犬と小型犬など、体格差によってどうしても上手に遊んだりコミュニケーションがとりにくい場合もあるので、その際は飼い主の介入が必要になります。

新たに子犬を迎える場合は、「キャンベルテスト（5つのテストをすることで飼い主と犬の相性を知ることができる。自分で実施可能）」など、子犬の性格診断のテストもあるので、参考にしてもいいと思います。保護犬の場合は、それまでどんな飼育環境にいて、どんな経験をしてきたのか、できるだけ情報として事前に仕入れておきたいです。先住犬についても、社会化教育が健全に終わっているか、飼い主とのコミュニケーションは良好か、自立心やしつけに問題はないかなど、あらためて客観的に見直して、多頭飼いに無理がないかを総合的に判断してほしいと思います。

●社会化期を健全に過ごさずに育った犬の注意点

先述しましたが、社会化期とは生後3週齢～12週齢の頃をさし、運動神経が発達し、同腹の兄弟犬と積極的に遊ぶようになる時期のこと。他の犬や人に対する愛着と場所への愛着が形成され、周囲との親和性や社交性が身につく大切な時期になります。

この社会化期に母親、兄弟犬と触れ合う機会がなかったり、外界の刺激にふれずに過ごしてしまうと、社会化が不十分なまま育つことになります。過剰な恐怖心や警戒心を持ちやすくなり、自己防衛のため攻撃性が高まる可能性があります。

現在では、生後56日(8週齢)以前の子犬を販売することは禁止されていますが、8週齢までどのような環境で育ち、母犬や兄弟とどのように関わってきたかが将来の性格にも大きな影響を与えるため、迎え入れる犬がこの時期にどのように育ってきたのかを知ることも大切になります。

第5章　犬にも人にもウケる暮らし方へ——共に健康に幸せに

犬と幸せに暮らすには

犬と幸せに暮らすためにはどうすればいいのでしょうか。

端的に言うなら、「犬の特性と個性をよく理解し、正しい愛情の注ぎ方をすること」。これに尽きると思います。

犬は人が大好きな動物です。自分より偉い（上位の）人にではなく、愛情を注いでくれる相手に思いきり愛情と信頼で応え、忠節を尽くしてくれます。このような関係は他の動物では味わうことができません。犬は人にとって深く親密な関係を築いてくれる唯一の動物なのです。ただし、犬を正しく理解していなければ、正しい愛情の注ぎ方もできません。

人の社会で共に暮らすには、飼い主は保護者として責任をもって、最後まで犬を飼い続ける覚悟をもつことが大前提です。犬は人のおもちゃや愛玩物ではありません。見た目のかわいさや流行に乗せられて飼い始めるようなことのないよう、まず犬という動物への理解を深めてください。「流行りの犬種がほしい」とか「珍しい犬がいい」などという考えはとっくに無効です。

人間関係でも同じですが、まず相手を理解することがすべての入り口です。犬の習性を知り犬種の特性を理解することで、自分の生活や性格にマッチしそうな犬がわかってきます。人も犬も、相手がどんなことを好み、どんなことが得意なのか、そうした特徴がわかるだけでもぐっとコミュニケーションをとりやすくなるはずです。

そして自分を振り返って、飼い主としての「健康面、経済面、時間的余裕、飼育環境、社会性」という点で、犬を飼う暮らしに不都合はないかを自己診断してほしいのです。

健康面でいうと、犬には運動が欠かせません。毎日の散歩だけでなく遊び相手にもなってあげ、日常の世話（トイレそうじ、ブラッシングやシャンプーなど）も必要ですから、飼い主は健康でないと務まりません。当然、それらを行いながら犬と過ごすための時間的余裕も必要になります。

経済面では、毎日の食事代やペットシーツ代、登録料、予防接種や各種ワクチンのほか、病気になれば診察・治療費もかさみます。しつけをきちんと学ぶにはプロのトレーナーに依頼する費用もかかります。自分の生活で精一杯だという方には、残念ながら犬を飼うのは無理ですと言わざるを得ません。

飼育環境としては、家に清潔で必要十分な居住スペースがあり、近隣への迷惑はかからないか。とくに集合住宅ではペット飼育が許可されていることが必須条件です。

また、犬を飼うということは犬を介して社会と接触していくことですから、他人や周囲と協調できない人には犬との暮らしは向きません。犬を飼う上で、社会一般のマナーや常識に配慮するため犬のしつけが求められますが、これは犬にばかり求めるのではなく、飼い主自身もモラルのある行動が求められるのです。

ただ犬が好きなだけでは飼い主の資格は得られません。飼育に必要な条件が満たされなければ、幸せな暮らしなど望めないのです。その条件をクリアできるかまず自己診断すること。犬を飼うにあたっては最低限そこまではしていただきたいのです。

その上で、正しく愛情を注ぐために、ここまで各章で述べてきたように、まちがった古い常識を捨て、正しい最新の知識を吸収し、臨機応変な姿勢をもって、しつけ方や問題行動への対処にも取り組んでほしいと思うのです。

犬と長年暮らしてみると、自分たちが犬にしてあげている以上のことを、犬は私たちに返してくれているという気がしてきます。大事なのは、飼い主の利己的考えや自己満足を捨てて、犬に対して誠実に向き合うこと。犬が喜び、犬にウケるのはそういう接し方です。そうすれば、犬はたくさんの喜びをもたらしてくれます。

犬にウケる飼い主さんとウケない飼い主さん

では、犬が喜び、ウケる飼い方をしてくれる飼い主さんとは、具体的にはどんな人なのでしょうか。

それは、「犬によけいなストレスを与えない人」と、「犬がストレスを受けないように教育できる人」です。

犬はのんびりマイペースで生きているように見えても、人間社会で暮らしている以上、日々さまざまなストレスを受けています。ストレスの感じ方や耐性は犬によって程度差がありますが、不快やストレスとなる要因をなるべく排除していくことが、健全で楽しい暮らしを送るための基本です。人間本位の考え方をやめられず、飼い主の存在自体が犬へのストレスになったりしないよう、自分の日頃のクセ（大声やかまいすぎなど）にも注意して接するよう心がけましょう。

ただし、どんなに気をつけていても犬がまったくストレスを受けないということはあり得ません。人社会で生活していくためには、ストレスにさらさないことばかりを考えるのではなく、ある程度ストレスに対する耐性を育ててあげることのほうが大切です。

飼い主が守りすぎたりしてストレス耐性のない犬は、結果的にはいつか大きなストレスを受けてしまうことになります。子犬の頃からそれぞれの犬の許容量に合わせ、さまざまな刺激を経験させながらしつけをしていくこと。それが「犬がストレスを受けないように教育できる人」であり、おおらかでたくましく生きていける犬を育てることにもなります。

以下に、犬にウケない飼い主さん・ウケる飼い主さんのモデル像をあげてみます。

●犬にウケない（嫌われる）飼い主さんの態度・ワースト8

①専制君主のようにふるまう（威圧的に接する、体罰でしつけようとする）
②四六時中かまいすぎる（過干渉、犬を放っておかない）
③自己満足を押し付ける（犬に依存しすぎる、自分の好き勝手に解釈し多くを求める）
④常にテンションが高い（激しくさわる、大きな声を出してばかりなど）
⑤人社会に適応できるための教育（社会化、しつけ）を行わない
⑥活動性が低い（あまり体を動かさない、家の中にばかりいる）
⑦関わり方、接し方に一貫性がない（気分によって犬の行動を容認したり怒ったりする）
⑧神経質になりすぎる（犬の行動を過度に問題視する）

また、ちょっとしたことですぐに犬の行動を問題視し、その行動を過剰に変えようとすると犬も息苦しさを感じます。人の子どもと一緒で、ある程度おおらかな気持ちで成長を見守る姿勢も大切です。抱えている問題が本当に自分や犬にとって問題なのか、周りの情報にとらわれすぎていないか、よく犬を観察し考えることも必要です。

●犬にウケる（好かれる）飼い主さんの態度・ベスト7

①むやみやたらにさわらない（犬がさわってほしいときにさわってあげる）

②多くを求めない（愛犬の性格を見極め、自分の都合で多くのことを求めすぎない）

③一緒に遊び、運動をしてくれる（散歩だけでなく共に体を動かす）

④望ましい行動をほめる（食べ物や遊びなどのごほうびを与え、本能的欲求を満たす）

⑤適度な距離感を保つ（関わるときと関わらないとき、近くにいるときと距離をおくときのメリハリがある）

⑥一貫性のある接し方をする（飼い主・犬の両方にとって望ましいことを習慣化する）

⑦子犬の頃から社会化教育、しつけを行う（さまざまなものに慣らす。人社会で受け入れられる行動をほめて教育する）

ウケない態度の逆を行けばいいわけですが、犬と良好な関係にある飼い主さんたちを見ていると、けっして愛犬にベタベタしすぎず、ある程度距離をもって接している点が共通しています。

遊びを楽しむときは共に思いきり遊び、マナーを守るべきときは毅然と接する。さらに愛犬を自分の所有物扱いにせず、自立した個性として尊重し、ある程度の自由を認めてあげる。そうした態度が犬にとってもストレスがなく快適なのです。

適度な運動には遊びが不可欠

飼い犬の平均寿命は毎年少しずつ延びてきています。それでも大型犬で10～12年、小型犬で12～16年というのが寿命の目安です。飼い主はその一生に責任をもつわけですから、寿命の間、できるだけ健康に幸福に過ごせるように心を配る必要があります。

健康管理の面で、適度な運動は食事とともに大事なポイントですが、とくに都会で犬を飼う場合、運動量の不足が心配されます。

毎日の散歩は、人によってはけっこうな負担になり、犬にも十分な運動になっているはずと思い込む方がいます。しかし、リード付きで制限される散歩は、犬にとってはさほどの運動にはならず、とても十分な運動量には達しないことが普通です。運動効果は

「多少はある」という程度に考えることです。

昔の飼育本には朝と夕方各30分程度歩いていれば十分などと書かれていることもありますが、犬種や犬の年齢でも求められる運動量は違うので、散歩時間や歩行距離は何の目安にもなりません。散歩での歩行は、外の刺激を犬に与えて精神的な欲求を満たすためのもので、運動欲求を満たすこととは別に考える必要があるのです。

運動欲求を満たすためには、引っ張りっこやボール投げなどの遊びを飼い主が一緒になって行うことが重要です。近所にドッグランや犬と遊べるスペースが確保できれば理想ですが、室内や自宅の庭だけでも工夫次第でさまざまな遊びが可能です。引っ張りっこに活躍するロープ付きおもちゃなどを利用して、1日に少しでも一緒に遊ぶ時間を作ることが大事です。

●犬にウケる遊び方・ロープを使った遊び編

家庭犬は実際に狩りをして獲物をとることはしませんが、もともと狩猟動物である犬には本能的に狩りをする能力が備わっていて、ロープなどを獲物に見立てて狩りを模倣することでこの本能を満たします。

狩りをする行動には、獲物を探索する→見つける→見つけたあとに凝視する→忍び寄る→追いかける→咬む（かじる）→咬み殺す→食べるといった一連の流れがあるため、犬が夢中になってロープを追うように、地面を這わせるなどしてうまく動かします。ある程度追わせたらロープを咬ませてあげ、犬がしっかり咬みついたら、おもちゃを振り回して引っ張りっこをします。引っ張りっこは、獲物を咬み殺して食べるまでを遊びで模倣することができます。

「引っ張りあいの最中、犬がおもちゃをくわえたまま「う〜」と低く唸ることがありますが、これは遊んでいるうちにテンションが上がって興奮しているサインです。威嚇したり咬みつこうとしたりしているわけではないので安心してください。

引っ張りっこで遊んだ後は、おもちゃを取り上げないようにします。狩りで捕まえた獲物は最後に食べるので、遊びの中で捕まえたおもちゃも最後は咬んで楽しみたいのです。そのため、せっかく捕まえたおもちゃを愛犬から急に取り上げてしまうと、犬は獲物を横取りされたと思い込みます。取り上げられてばかりいると飼い主への不信感が募り、獲物であるおもちゃを奪われまいと必死に抵抗したり、守ろうとして攻撃的になることもあります。

犬は、引っ張ったらさらに引っ張り返したくなるため、おもちゃを放してほしいときには、引っ張らずに手の動きをぴたっと止めてみてください。

すると、つまらなくなっておもちゃを口から放します。口から放したら、ごほうびとして遊びを再開してあげます。動きを止めて犬がおもちゃを放す瞬間に「ちょうだい」と声をかけるようにすると、「ちょうだい」のことばのサインでおもちゃを口から放すようになります。

●犬にウケる遊び方・ボールを使った遊び編

ボールを使った遊びも「獲物を追いかける」といった狩りの中で見られる行動を模倣しています。多くの方は、犬はボールを投げれば自然と持ってくるものと思っていますが、じつは、教えなくてもボールを持ってくる犬種は限られています。ラブラドール・レトリバーやゴールデン・レトリバーといったレトリバー種は、狩りの行動の中でも「獲物を追いかける」ことを強化して作られた犬種なので、「走って追いかけ、捕まえて持ってくる」遊びが得意です。そのため、ボールなど投げて遊ぶおもちゃを好み、おもちゃを投げてほしくて、自然と飼い主さんのもとへ何度もくわえて持ってきます。しかし多くの犬は、捕まえた獲物を咬むことを好むため、とくに飼い主が無理やり取ろうとすると、持ってくるどころか飼い主をさけて咬んで遊ぼうとします。

ボールを持ってきてもらいたいのであれば、初めはひも付きのボールなどを用いて、194ページのような方法で引っ張りっこをしてあげることで、飼い主と引っ張りっこをしたくて持ってくるようになります。また、同じボールを2個用意して、投げたボールを持ってきたらもう一つのボールを投げてあげるという方法もあります。

●犬にウケる遊び方・嗅覚を使った遊び編

前述した遊びでも、小型犬では室内で遊ぶこともできますが、最近では、とくに雨の日に犬の退屈しのぎとして人気のあるノーズワークという犬の嗅覚を活かしたドッグスポーツの人気が高まっています。隠したおやつを、嗅覚を使って見つけさせるのですが、犬は狩りの中で匂いを追って獲物を見つけるため、嗅覚を使うことを好みます。最近では、ノーズワークマットという自宅の中で楽しめるおもちゃも市販されているので、気軽に愛犬と一緒に楽しむことができます。

●犬が遊びを誘うポーズ・犬を遊びに誘うポーズ

犬は相手を遊びに誘いたいとき、前傾姿勢になって腰からしっぽを大きく振ります。このポーズのことを「プレイバウ（遊びに誘う挨拶）」と呼びますが、このポーズは他の犬にだけでなく人にもとります。以前行われた研究では、人が同じように前傾姿勢になり腰を振るポーズをとることで、9割以上の犬が遊びの誘いに応じたという結果もあり、人と犬で共通したボディランゲージになります。

犬も人も楽しくなる散歩のコツ

散歩の本来の目的は、外気にふれ、日光を浴び、さまざまな景色を目にして、気分をリフレッシュさせながら散策することです。好き勝手に街中をトイレ代わりにしたり、マーキングして歩くためのものではなく、犬の精神的欲求を満たすための時間です。

ふだんの散歩も、歩行することに重点をおくのではなく、遊ぶ時間を多くとってあげることが本当は大事なのです。

しかし飼い主にとって散歩は、愛犬に交通ルールと公共のマナーを守らせ、安全に配慮しつつ移動する時間で、あまり気を抜くわけにはいきません。前方から大型犬がやってきたり、通りすがりの子どもが愛犬をさわりたがるかもしれません。不意に大きな物音がしたり、食べ物の匂いが漂ってきて落ち着かなくなることもあるでしょう。都市部では、車や人通り、他の犬との遭遇などに気を使う時間も長くなり、とくに気が抜けないはずです。

これでは犬にも飼い主にもストレスになることが多く、気分のリフレッシュにも効果的とは言えません。なにより、こうした散歩を繰り返していても人も犬もあまり楽しくないのでは？　と思ってしまいます。

どんな地域のどんな散歩コースかにもよりますが、最初から最後まで同じ調子でぶらぶら歩かせるのではなく、「移動を中心にする時間」と「のびのびできる場所で楽しませる時間」とを分けて考えるようにしたほうが、より健全な散歩ができます。

第2章でもふれましたが、人通りの多い場所では短い時間での移動を優先して、散策できる場所へ来たら、そこで十分遊ばせて、また短時間の移動で帰る。そのほうが犬にも人にも気持ちのいい散歩ができます。のびのびできる場所では、おやつを使ったコマンド・トレーニングをしながらの散歩もお互いのコミュニケーションが深まります。また緑の多い公園や森や水辺など自然の豊かな場所では五感が刺激され、愛犬の（そして飼い主さんの）ストレス解消に効果的です。

おさらいになりますが、移動中に注意すべきは次の3点です。

①リードは短く保持する
②人と犬の多い場所はなるべくさける
③できるだけ飼い主に意識を向けさせる

通行人や犬が多いエリアでは、リードは短く持って横につかせ、人のいない、のびのびできるエリアに来たら、リードも若干ゆるめて、少し自由に歩かせましょう。

散歩中にトラブルが起こるのは、犬の意識が飼い主に向かず、周りのことに気をとられている場合が多いです。公共の道路では、飼い主の横に歩調を合わせて歩けたらごほうびをあげ、飼い主に意識を向けさせながら歩くようにしましょう。通行人や他の犬に気をとられ過ぎる場合は、おやつを与えながら歩くことをすすめます。たとえば、向こうから元気な犬がやってきて、愛犬がよけいな反応をしそうなときは、好きなおやつをなめさせながらすれ違って回避するのです。

他犬とのすれ違いを、「待て」「おすわり」の指示でやり過ごそうとする飼い主さんがいますが、他犬が苦手な犬は、「待て」でじっとしていることがかなりストレスになる場合があります。それよりも、すれ違う間、おやつをたくさんあげて気をそらすほうが断然いいと思います。

散歩中のマーキングとトイレは控えて

移動は短時間でと決めると、飼い主主導のペースで歩くので、匂い嗅ぎとマーキングも減らせます。いちいち愛犬が足を止めるのに付きあっていれば、犬は好きなだけ匂い嗅ぎをして、マーキングに励んでしまいます。ところが、犬の多い都市部の町はいわば戦国時代で、いろんな犬の匂いが日々あちこちにマーキングされているわけです。

毎日がなわばり争いのようなもので、愛犬もどんな相手が来ているか匂いで確認しながらマーキングの判断を迫られます。

「また知らない奴が来ている、若いオスらしいな？」など、匂いを嗅げばなわばり確保の不安もストレスも生じます。「なわばりを守らなければ」というのは本能ですから、マーキングしながら歩く犬はずっとピリピリしています。つまり散歩が、神経を使う落ち着かない時間になってしまうのです。

匂い嗅ぎやマーキングは本能的欲求ですが、それをさせているとかえってストレスを増大させかねません。自由にマーキングさせることがよい散歩ではないのです。リズムよく歩いて、マーキングさせる代わりにおやつをあげながらスムーズに移動する。それが公共の場でのしつけであり、より健全な散歩です。うんちについても同様で、本来、排泄は家で済ませてから散歩に出るのが正解です。

また、昼間散歩に行けなかったからといって、無理をして夜中に散歩に連れて行くというケースがみられます。ひどい雨降りの中、「日課だから」と無理して散歩に出る飼い主さんもいます。しかし、果たして犬が夜間の散歩や土砂降りの散歩を喜んでいるかどうかは疑問で、小型犬なら室内で遊んであげたほうが楽しい時間を過ごすことができます。

屋外でのおしっことうんちが習慣化していると、散歩に行けない状況になってしまうと犬も飼い主も困ってしまいます。排泄させるために、雨の日でも雪の日でも無理して散歩に出るというケースも出てきてしまいます。

家の中でのトイレしつけをしっかり行い、排泄優先の散歩崇拝は、そろそろやめにしてほしいと思います。

犬にウケる食事の与え方

散歩・運動とともに健康維持に重要なものが食事です。これに関しても、古い常識にとらわれている飼い主さんがまだ多いのが実情です。

たとえば、朝夕の1日2回を食事の時間に決めるというのは、飼い主さん側の都合でしかありません。

栄養バランスのよいフードを用意することと、肥満防止のため1日の総量（総カロリー数）を決めておき、その範囲を守りさえすれば、食事の回数や時間にこだわる必要はまったくないのです。

犬は一般に満腹中枢が鈍く、いくら食べても満腹感を覚えません。食べるときもほとんど咀嚼せず丸呑みしてしまうので、1回あたりに与える量に差があっても、あまり満足度は変わらないのです。さらに、もともとが狩猟をしていた動物なので常に食べ物を探そうとし、食べる機会があれば何度でも喜んで食べます。

これらのことから、食事は1日の総量の範囲内で何回にも小分けにして与えたほうが、犬はより多く喜ぶことができるわけです。少量でも多量でも食べることはすべて喜びで、食べられること自体が犬にとってウケることなのです。

また、小分けにして与えたほうが消化器官への負担が少なく、消費カロリーも増加して肥満防止になります。

この何度でも食べたい習性を利用して、しつけの練習の際や、日常で望ましい行動をしたときのごほうびとして小分けに与えていくことが非常に有効です。1日の半分の量をお散歩中の練習で使ってもいいし、留守番の前にコングなど知育玩具に詰めて与えれば、遊びながら楽しんで食事ができます。コング内のフードはなかなか簡単には取り出せませんが、食べるまでに労力を要したほうが犬にとっては楽しいことなのです。

ちなみに、「食事は犬用の器に盛って食べやすくしてあげる」というのも人間側の価値観で、本来労力をかけて獲物を捕まえて食料にしてきた犬には、けっこうどうでもいいことなのかもしれません。実際、食欲不振や食べたり食べなかったりの食べムラが出てきた犬に、知育玩具に詰めた食事を与えると、簡単に食欲を取り戻すことがあります。

これらのことを踏まえ、食べることに貪欲な習性をしつけにどんどん利用してほしいと思います。

偏食をなくしてたくましく生きる

犬にとっての食事は、体の健康を維持するだけでなく、心の健康を維持するためにもとても大切なことです。動物は本能的な欲求が満たされないとストレスを感じますが、食事に関してもただ与えるだけでなく、犬の特性に配慮した与え方をすることで心の健康維持にも役立てることができるのです。

麻布大学で行った研究では、飼い主さんが食事を与えることによって、愛犬のオキシトシン＝幸せホルモンが上昇することがわかっています。オキシトシンは安心や幸福を感じたときに体内での分泌が上昇します。食事は生きていくための基本的な安心をもたらすだけでなく、愛犬と飼い主さんの絆を深める上でも大きな役割を果たしているのです。

犬の食事は祖先であるオオカミから肉食性の嗜好を受け継いでいますが、人間と生活するようになって、穀物や果物、野菜までも食べる雑食性になってきました。犬にも味覚があり、個体ごとの嗜好性もありますから、さまざまなフードから、できれば犬がより好んで食べる嗜好性の高いものを与えるようにしたいです。「よく食べる」ことは、何よりも健康の基本なのです。

嗜好性には、子犬時代に食べた経験が長く影響を残すとされます。特定の食事しか与えられずに育った子犬は、成犬になってからも嗜好の偏りがみられます。そうすると好き嫌いが顕著になり、栄養バランスを欠いてしまうことから、病気の引き金にもなりかねません。嗜好の偏りを防ぐには、子犬の頃からさまざまなメーカーのドッグフードを与えたり、異なるタンパク源（牛、ラム、鶏、馬など）のドッグフードを徐々に切り替えながら与えるようにします。

加齢や病気によってドッグフードの切り替えが必要になったり、災害避難時には非常食しか与えられない状況なども起こり得ます。子犬の頃からさまざまなフードを与えることで嗜好の偏りを予防しておくことは、その意味でも重要と言えるのです。

楽しく長生きするための健康管理のポイント

愛犬の健康管理は、飼い主の義務として一生の間おろそかにすることはできません。ワクチン接種や定期検診を受けることはもちろん、一般の飼い主さんでも以下のことを日頃から気をつけてほしいと思います。

①日常的に犬の様子や行動を観察するように心がける
②犬の病状は人以上に悪化するスピードが速いので早期発見を心がける
③ふだんと異なる様子や行動がみられた際には、早めに獣医師に相談する（素人判断をしない）
④触診をしないと見つけられない変化もあるため、子犬の頃から体をさわられることや日常のケアに慣らしておく（皮膚や関節の状態など）
⑤定期的に健康診断を受け、予防接種などで疾病予防を心がける
⑥年齢に応じた十分な運動をさせる（散歩だけでは運動は不十分、運動欲求を満たすた

めに引っ張りっこやボール投げなどの遊びを一緒に行う。繰り返し飽きずに楽しむ遊びを選び、遊ぶ時間を多く確保する)
⑦食事の管理を心がける（偏食させない、栄養バランスと肥満に注意）
⑧過剰な興奮をさせない（ストレス状態が続く。運動やしつけ・トレーニングで落ち着かせる、去勢も検討）

病気やケガのサインをいち早く見抜くには日常のスキンシップが大事になります。とくに高齢の犬は、共に過ごす時間によく仕草や行動を観察しましょう。尿や便の色、量、回数などのチェックも重要です。

犬も全般に高齢化が進んで病気の発症が増え、昔はさほど多くなかった認知症の発症も頻繁にみられます。獣医学も日々進歩していますが、人間同様、早期発見・早期治療が非常に大事です。愛犬に何か異常を感じたら、迷わず早めに獣医師の診断を受けることをすすめます。

飼い主の笑顔や喜びも健康長寿にプラスとなる

犬は飼い主の感情に敏感です。いつも楽しそうで笑顔の多い飼い主さんなら、犬もまた楽しい気持ちでいられます。

逆に、ストレスが多くいつもイライラして怒りっぽい飼い主さんだと、犬は不安を覚え、いつも飼い主の顔色をうかがうようになりがちです。

スウェーデンの動物学者、リナ・ロス氏らの研究では、「飼い主のストレスは犬に伝染する」ということがわかっています。これは人と犬の髪の毛に含まれるコルチゾールというストレスホルモンを、さまざまな状況下で測定したもので、飼い主が強い不安を感じているとき、犬のストレスホルモンも明らかに上昇するという結果が得られたのです。逆に、犬が強い不安を感じているとき、人のストレスホルモンに顕著な変化はなかったということです。

つまり、犬はそれだけ飼い主の感情・心理状態に敏感なことの証左と言える研究成果が出たのです。犬は飼い主の体臭の変化や、行動や仕草（同じ場所を歩き回る、爪を咬む、過敏になるなど）の微妙な変化を感じとるようなのです。

これは裏を返せば、飼い主がいつもハッピーで前向きな状態でいれば、犬もまたハッピーな感情がうつって、楽しい気分でいられるということでしょう。

つまり、飼い主の笑顔や喜びなどポジティブな感情は、愛犬にとってすべてプラスに作用し、心と体の健康面にもきっといい作用をもたらすだろうということです。

飼い主さんの平和で楽しい日常は、愛犬にも平和な日常をもたらし、ひいては健康で幸福な長寿にも通じ、より豊かな愛犬との暮らしをまっとうできるのではないかと思います。

どうぞそれを忘れずに、愛犬との生活を楽しんでください。

最後にもう一度言っておきますと、犬にウケる飼い方とは〝犬を正しく愛すること〟です。

犬にウケる飼い主さんとは、不快を快に変え、本能的欲求を満たしてくれる人。恐れや不安を遠ざけ、安心をもたらす人。それが犬を正しく愛せる人であり、犬と人本来の親密で愛情豊かな関係を結べる人だと思うのです。

鹿野正顕（かの まさあき）
1977年、千葉県生まれ。
スタディ・ドッグ・スクール代表。学術博士（人と犬の関係学）。

獣医学系大学の名門・麻布大学入学後、
主に犬の問題行動やトレーニング方法を研究。
「人と犬の関係学」の分野で日本初の博士号を取得する。

卒業後、人と動物のより良い共生を目指す専門家、
ドッグトレーナーの育成を目指し、
株式会社Animal Life Solutionsを設立。

犬の飼い主教育を目的とした、しつけ方教室
「スタディ・ドッグ・スクール」の企画・運営を行いながら、
みずからもドッグトレーナーとして指導に携わっている。

2009年には世界的なドッグトレーナーの資格であるCPDT-KAを取得。
日本ペットドッグトレーナーズ協会理事長、動物介在教育療法学会理事も務める。

プロのドッグトレーナーが教えを乞う
「犬の行動学のスペシャリスト」として、
テレビ出演や書籍・雑誌の監修など、メディアでも活躍中。

犬にウケる飼い方

２０２１年10月25日　初版発行
２０２４年７月20日　４版発行

著者　鹿野正顕

発行者　髙橋明男
発行所　株式会社ワニブックス
〒１５０－８４８２
東京都渋谷区恵比寿４－４－９えびす大黒ビル
ワニブックスＨＰ　http://www.wani.co.jp/
（お問い合わせはメールで受け付けております。
ＨＰより「お問い合わせ」へお進みください）
※内容によりましてはお答えできない場合がございます

装丁　小口翔平＋須貝美咲（tobufune）
フォーマット　橘田浩志（アティック）
構成　宮下 真
イラスト　大沢純子／SUGAR
写真　Bluegreen Pictures/アフロ
校正　玄冬書林
編集　内田克弥（ワニブックス）

印刷所　ＴＯＰＰＡＮクロレ株式会社
ＤＴＰ　株式会社 三協美術
製本所　ナショナル製本

定価はカバーに表示してあります。
落丁本・乱丁本は小社管理部宛にお送りください。送料は小社負担にてお取替えいたします。ただし、古書店等で購入したものに関してはお取替えできません。

ISBN 978-4-8470-6663-4
ワニブックスHP　http://www.wani.co.jp/
WANI BOOKOUT　http://www.wanibookout.com/
WANI BOOKS NewsCrunch　https://wanibooks-newscrunch.com/